스타크래프트속에
과학이
쏙쏙!!

스타크래프트 속에 과학이 쏙쏙
StarCraft® Science

ISBN 89-91215-09-2
ISBN 89-91215-08-4(set)

스타크래프트속에 과학이 쏙쏙!!

최원석

기성세대에게 여가시간에 무엇을 하느냐고 물으면 대부분 독서나 바둑을 한다고 답한다. 그러나 10대 후반부터 20대 초반까지 N세대에게 여가를 어떻게 즐기느냐고 물어보면 영화를 보거나 게임을 한다고 말한다. 기성세대는 프로기사 랭킹에 이창호가 선두니 이세돌이가 선두니 하며 소주를 마시고, N세대는 임요환이 짱이네 홍진호가 짱이네 하며 콜라를 마신다. 양쪽을 번갈아 쳐다보면 동시대에 살면서 어쩜 저렇게 기호가 다를까 하는 생각이 든다. 저녁 밥상을 물리고 뜨락에 앉아 북쪽하늘의 북극성을 바라보던 가족의 이야기는 이제 동화책 속으로 들어가 버렸다. 한 가정을 들여다보면, 어머니는 TV를 보고 아들은 컴퓨터 게임을 하고 아버지는 신문을 본다.

디지털 영상기술의 발전은 요즘의 신세대들에게 음악과 화려한 색채 그래픽으로 무장한 디지털 문화에 푹 빠지게 만들고 있다. 이제는 문자매체만을 고집해서는 세대 간 소통이 안 될 뿐더러 시장경제에도 편승하기 어렵다. 그만큼 사회는 급변하고 있고 기성세대가 잠시 딴청을 피우고 있으면 구시대의 유물로 취급당하기 일쑤다. 그러나 바둑과 스타크래프트를 비교해보면 이복형제와 같은 공통분모를 찾을 수 있다. 그것은 수만 번의 대전에도 똑같은 전술이 나오지 않는다는 것이다. 바둑이 요순시대에 생겨나 지금까지 뭇사람들의 사랑을 받듯이 스타크래프트 역시 출시된 후 지금까지 그 기세가 꺾일 줄 모르고 N세대들의 사랑을 독차지하고 있다. 사실 스타크래프트는 여러 각도에서 조명해볼 가치가 있는 문화상품이다. 가상공간 속에서 시각, 촉각, 청각을 매개로 게이머들을 사로잡는 디지털 기술, 번뜩이는 창의성 없이는 만들어 낼 수 없는 기호상품이기 때문이다. 우리는 막연하게 게임이 청소년들에게 끼치는 해악만을 꼬집어 무조건 컴퓨터 게임이라면 언성을 높이고 얼굴을 붉혀왔다.

분명 스타크래프트에는 N세대들을 몸살 나게 하는 마력이 숨어 있다. 이제는 그 마력이 무엇인지 스타크래프트를 분해해서 그 가치를 인정해야 한다. 컴퓨터 게임에 대한 굴절된 편견을 버리고 새로운 시각으로 다가서야 한다.

책의 저자는 영상세대에게 어떤 교수법이 좀더 효과를 거둘 수 있을까 고심하는 일선 교사이다. 지난 번 출판한《영화 속에 과학이 쏙쏙》이란 책으로 많은 청소년들에게 과학이 일부 과학자들만의 전유물이 아니라는, 우리가 과학과 더불어 살고 있음을 일깨워 준 주인공이다.

이 책은 스타크래프트 마니아들을 위한 과학서이다. 스타크래프트에 가지는 관심의 반, 아니 20%만이라도 이 책에 관심을 둔다면 과학에 대한 두려움은 사라지고 새로운 호기와 욕구가 생길 것이다. 과학에 대한 지적 호기심과 욕구야말로 우리의 첨단과학을 한 단계 더 업그레이드시키는 효과를 가져올 것이다. 그것이 밤잠을 설치며 이 글을 쓴 저자의 바람이라고 생각한다. 내가 이 책을 접하기 전에 '스타크래프트'를 플레이하고 이해하는 수준이 '헤처리' 또는 '레어' 상태였다면, 이젠 당당히 '하이브' 수준이라고 자부할 수 있다. 이 책을 통해 그만큼 더 스타크래프트를 이해한 것이다. 이 책을 스타크래프트를 모르는 기성세대와 N세대에게 동시에 추천하고 싶다. 또한 이 책을 통해 세대 간 소통이 원활하게 이루어진다면 금상첨화라 하겠다.

2005년 8월 분당에서
온게임넷 PD 황상준

　스타크래프트는 우리나라에서는 국민게임이라고 불릴 만큼 남녀노소가 즐기고 있는 게임이다. 많은 사람들이 스타크래프트 경기 중계를 보거나 경기장을 찾고 있다. 아이들은 어제 펼쳐진 프로게이머의 경기나 PC방에서 친구들과의 경기에 대해 이야기를 한다. 이와 같이 스타크래프트가 인기를 끌고 있는 것은 독창적인 줄거리와 캐릭터들이 액션과 전략 요소에 절묘하게 융합되어 초보자나 숙련된 게이머 모두에게 즐거움을 제공하기 때문이다.

　스타크래프트가 청소년의 문화를 이해하기 위한 중요한 문화코드라는 데 이의를 제기할 사람은 없을 것이다. 출시된 게임들이 시장에서 길어야 2년 정도의 인기를 끄는 데 비해 스타크래프트는 출시 된 지 7년이 넘었지만 아직도 이 게임을 대체할 만큼 인기를 끌고 있는 게임은 없다. 오히려 케이블 TV에 전문 게임 채널이 생기면서 더욱더 많은 사용자를 양산하기에 이르렀다. 또한 프로게이머가 아이들 사이에서 선망의 대상이 되고 있으며, 프로게이머는 일반 연예인들과 같이 팬클럽을 가지고 있을 정도이다. 프로게이머 '임요환'의 이름 석자는 연예인의 인기 못지않은 부가가치를 지니게 된 것이다.

　스타크래프트는 20세기 SF문학의 걸작으로 꼽히는, 프랭크 허버트 Frank Herbert의 〈듄 Dune〉을 원작으로 하고 있다. SF소설이 게임의 기반이기 때문에 방사능, 핵, 유전자 조작, EMP, 아드레날린, 미네랄과 같은 많은 과학적인 요소들이 등장한다. SF영화가 과학과 밀접한 관계를 가지며, 이를 통해 과학을 논해 보는 것이 과학학습에 도움이 되듯이 스타크래프트 속에 등장하는 과학적인 내용을 과학적인 눈으로 살펴보는 것도 과학을 좀 더 친근하게 여기는 데 도움이 되리라고 생각한다.

처음 이 책을 쓰기 시작했을 때는 중·고등 학생들을 생각하며 썼다. 하지만 책을 쓰면서 좀 더 많은 스타크래프트 유저가 읽었으면 하는 바람 때문에 고등학교 수준을 벗어나는 어려운 내용까지 들어가 버렸다. 이러한 내 욕심 때문에 수준의 일관성을 유지하지 못했다는 비난을 받는다고 해도 할 말은 없다. 대부분의 내용 수준은 중학교 상위권이나 고등학교 학생들 수준에 맞게 꾸몄으며, 그들이 읽는 데 별 무리는 없으리라 생각한다.

이번에도 많은 사람들의 도움이 있었다. 날카로운 분석력으로 세심한 부분까지 꼼꼼하게 신경을 써주신 예진희 선생님, 단지 후배라는 이유만으로 결혼준비에 바쁜 시간을 쪼개서 도와준 김지영 선생님의 도움이 컸다. 또한 양덕환 선생님과 최명희 선생님 그리고 도서출판 이치 가족들에게도 감사의 인사를 해야할 것 같다. 끝으로 내가 스타크래프트에 관련된 책을 쓴다는 말에 많은 관심을 보여준 진평중학교와 김천중앙고등학교 제자들에게도 감사의 마음을 전한다.

원고 쓴다는 핑계로 집안일에 소홀한 것을 참아주며, 믿음과 사랑으로 지켜 봐준 아내와 장차 나의 게임 파트너가 될 아들 규민이, 훌륭한 게임 조언자인 동생 건석이에게도 사랑한다는 말을 전하고 싶다.

2005년 8월 김천에서
최원석

차 례

차 례

당신의 능력을 보여주세요

테란/저그/프로토스

PC 게임의 깨지지 않는 신화 $STARCRAFT^®$. 그 성공비결은 무엇일까? 뛰어난 인터페이스, 탄탄한 시나리오와 함께 이 게임이 출시될 당시 시대적 환경이 절묘했다(그 당시 처음으로 PC방이 생기기 시작했는데, 이 곳을 이용하는 고객들의 대부분이 스타크래프트를 했을 정도였다)는 등등 다양한 이유를 들 수 있다. 또한 게임 속에 등장하는 세 종족의 독특하면서도 잘 짜여진 균형미도 빼놓을 수 없는 요인일 것이다.

스타크래프트에는 테란(Terran), 저그(Zerg), 프로토스(Protoss)의 세 종족이 등장한다. 장기의 경우 색깔만 다를 뿐 상대방과 기능(능력)이 동일하지만, 스타크래프트의 경우 세 종족은 전혀 다른 모습과 특징을 가지고 있어, 게이머에게 다양한 종족 선택에 따른 재미를 선사한다. 즉, 장기의 경우 졸(卒)은 길을 따라 한 칸씩 밖에 이동할 수 없으며, 차는 앞뒤로 길을 따라 원하는 만큼 움직일 수 있는데, 한의 말이나 초의 말이나 동일한 규칙을 따른다. 이와는 달리 스타크래프트에서는 종족의 모양이나 특징이 전혀 다르다. 질럿과 저글링, 마린 모두 처음으로 생산할 수 있는 기초 유닛인데도 능력이나 특징이 전혀 같지 않다. 이렇게 다른 종족임에도 불구하고 종족 간의 세력 균형을 잃지 않고 있다는 것이 게임 성공의 중요한 열쇠가 됐다.

장기에서는 전투가 벌어지는 장소가 항상 같은데 반해, 스타크래프트에서는 무수한 전장이 만들어진다. 이 또한 이 게임이 쉽게 질리지 않는 이유가 될 것이다. 간혹 맵에 따라 종족 간의 우열 관계가 형성되기도 하지만, 게이머의 실력에 의해 좌우되는 경우가 더 많다. 이것은 좋은 게임이 갖추어야 할 매우 중요한 요소이다. 어떤 맵에서 절대적으로 우위인 종족이 생기면 그 맵은 사장된다. 모든 맵에서 다른 종족보다 강한 종족이 생긴다면 게임 자체에 흥미를 잃어버리게 되기 때문이다. 이것을 진화와 연관 지어 생각할 수 있다면 이미 훌륭한 과학적 소양을 가지고 있다고 생각해도 좋다(진화에 관한 자세한 이야기는 나중에 다시 하기로 하자).

소설은 현실을 바탕으로 한 개연성 있는 허구이다. 이는 SF라고 해서 예외가 아니며, SF를 기반으로 한 스타크래프트도 마찬가지이다. 스타크래프트의 배경은 태양계를 벗어난 외계이지만, 사실은 지금 우리의 모습을 바탕으로 하고 있다. 그렇다고 테란(지구인)이 주인공이라는 뜻은 아니다. 테란이 우리의 모습과 닮았다면, 인간이 느끼는 유전자 조작에 대한 두려움을 저변에 깔고 있는 것이 바로 저그이며, 미래의 로봇에 대한 두려움을 표출한 것이 바로 프로토스이다. 이와 같이 스타크래프트는 외계 종족으로 표현되어 있지만, 사실은 우리 인간이 처한 현재의 많은 문제에 관한 바로 우리의 이야기이기 때문에 더욱더 흥미를 증폭시킬 수 있는 것이다.

테란

● 테란 : 유전자 조작과 로봇에 대한 두려움

스타크래프트에 등장하는 세 종족은 서로 다른 행성에 사는 외계의 생명체들이다(물론 테란은 지구인을 상징하기 때문에 외계의 생명체는 아니라고 할 수도 있다). 따라서 완전히 다른 배경을 가지고 있을 것 같지만 사실은 그렇지 않다.

헉슬리(Thomas Henry Huxley)나 많은 사람들이 자연에서 인간은 동물이기는 하지만, 아주 특별한 종류의 동물이라고 생각하였듯이, 스타크래프트에서도 테란을 어떤 환경에서도 잘 견뎌내는 특별한 종으로 묘사하고 있다. 이와 같이 테란은 바로 어떤 악조건에서도 문명을 개척하며 발전을 거듭하였다고 자부하는 인간의 모습을 모델로 하고 있는 것이다(다윈과 동시대 인물이었던 사회학자 헐버트 스펜서(Herbert Spencer)는 인간이 적응력이 뛰어나기 때문에 진화할 수 있었다고 주장했다). 하지만 인간이 악조건에서도 견딜 수 있는 것은 그들이 가진 과학 기술 덕분이지 다른 생물에 비해 적응력이 뛰어나서 그런 것은 아니다. 인간의 거주지를 보면 매우 제한적이며, 현재와 같이 지구 전체에 걸쳐 살게 된 것도 얼마 되지 않았다.

엄마. 쟤는 이 날씨가 추운가봐.

전지훈련 왔다는데 밀림의 왕자라는 녀석이 저렇게 허약 해서야…

달달

인간은 지구에 대한 지배권을 놓고 끊임없이 다른 생물과 경쟁하거나 **공생**의 관계를 가져왔다. 파충류는 포유류와 서로 경쟁관계인 대표적인 생물 종의 이미지를 가지고 있다. 이는 공룡에 의한 영향이 큰 듯이 보인다. 꽃과 뱀을 처음 보는 새끼 원숭이에게 꽃이 위험하다는 것을 가르치는 것보다 뱀이 위험하다는 것을 가르치는 것이 훨씬 쉽다.

공룡이 지구를 지배할 당시 포유류들은 감히 그들에게 대항할 수 없었다. 조그만 그들의 덩치로는 밤에 잠시 나와 공룡의 알을 훔쳐가는 정도가 다였을 것이다. 이렇게 힘들게 생활했던 포유류의 조상들은 속씨식물, 곤충과 손을 잡고 어렵게 찾아온 기회(영화〈아마겟돈〉에서 이야기하는 것과 같이 6천 5백만 년 전에 거대한 **운석**이 떨어져 지구를 거대한 불기둥과 먼지로 뒤덮어 버린 사건)를 계기로 공룡을 몰아내 버렸다.

곤충은 속씨식물이 초식공룡의 주식이었던 겉씨식물을 몰아낼 수 있게 수분(꽃가루받이)을 도왔다. 겉씨식물은 바람에 꽃가루를 날려 수분을 했지만, 속씨식물은 곤충을 통해 수분을 했다. 곤충을 통한 수분은 바람보다 훨씬 효율적이었다. 식물은 이에 대한 보답으로 곤충에게 먹이를 제공했다.

포유류들은 공룡의 알을 훔쳐 식량으로 삼았으며, 설상가상으로 운석 충돌에 의해 덩치가 큰 공룡들은 급격하게 변화하는 환경에 적응하지 못했다. 이때부터 공룡은 쇠퇴의 길을 걷게 되었다. 공룡이 물러난 자리를 포유동물이 이어받게 되었으며, 그 중에서도 특히 대뇌가 발달한 인간이 다른 동물을 지배하기에 이르렀다.

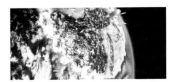

〈아마겟돈〉 6천 5백만년 전에 거대한 운석이 떨어져 많은 생물이 멸종 했듯이 오늘날에도 운석에 의한 위험이 항상 있다고 주장한다.

 공룡의 후계자

사실 공룡이 물러난 자리를 포유류들이 바로 계승한 것은 아니다. 현대 조류의 조상은 공룡이며, 공룡의 뒤를 이은 것도 바로 거대 조류였다. 공룡이 물러난 자리에 나타난 조류는 지금의 타조보다 훨씬 덩치가 크고 사나운 녀석들로 덩치가 작았던 포유류들은 그들의 적수가 되지 못했다.

이것이 흔히 이야기하는 인간의 지구 지배 시나리오이다. 하지만 이러한 시나리오를 곤충의 입장에서 보면 마치 중국이 고구려를 자신의 역사라고 우기는 것과 같이 황당한 일로 여겨질 것이다. 곤충은 모든 면에서 이 행성의 지배자라고 불릴 만하기 때문이다. 곤충은 지구에 존재하는 생물 종들 중 가장 많은 종(생물의 대부분은 절지동물이며, 절지동물의 대부분은 곤충이다)이며, 어느 곳에서나 분포하는 가장 성공한 생명체이기 때문이다. 인간은 곤충을 벌레라고 부르며 천시하고 심지어 혐오스러워하지만, 지구의 진정한 지배자를 논할 때 곤충은 인간과 견줄 수 있는 유일한 종일 것이다. "핵전쟁 이후에도 바퀴벌레는 살아남는다."라는 말과 같이 곤충의 번식력은 저그의 모델이 되기에 충분하다.

인간은 곤충과 같이 뛰어난 번식력은 없지만 위대한 두뇌를 가지고 있다. 인간은 끊임없이 과학 기술을 발달시켜 이제는 기계와 함께 진화를 하는 단계에까지 이르렀다. 기계와 함께 진화한다는 생각을 달갑게 느끼지 않거나 이의를 제기하는 사람도 많이 있다. 하지만 영화 〈아이 로봇〉에서와 같이 인간에 의해 발달하던 기계가 어느 순간 스스로 자의식을 가지고 진화를 하게 될지도 모를 일이다. 기계의 진화를 멈출 방법은 없다. 왜냐하면 더 뛰어나지 않은 기계는 쓸모없기 때문이다. 이제 기계가 진화를 거듭하여 인간을 앞질러 갈 것을 대비해 인류 개조 계획을 논의하는 과학자도 있다.

SF는 사람들에게 로봇을 친근하게 느끼게 하기도 했지만, 한편으로 로봇에 대한 두려움을 전파하기도 했다. 날이 갈수록 성능이 향상되는 컴퓨터 앞에서 인간의 자존심이었던 두뇌의 우수성마저 의심받고 있다. 과연 인간은 언제까지 로봇보다 우위에 있을 것인가? 미래에는 인간과 로봇이 합쳐진 사이보그가 일반화 되진 않을까? 미래에도 로봇이 인간의 충실한 노예가 되어 인간을 위해 봉사하고 있을 것인가? 아니면 영화 〈매트릭스〉나 〈터미네이터 2〉에서와 같이 인간에게 반기를 들고 우리를 파멸시키려고 할 것인가? 그것도 아니면 우리와 동등한 권리를 얻어 로봇과 인간이 더불어 사는 사회가 되어 있을 것인가? 프로토스는 과학 기술이 절정에 달해 있는 종족으로 종교적인 색채를 띠고 있다. 드래군의 경우에서 볼 수 있듯이 프로토스는 사이보그가 일반화 되어 있는 것처럼 보인다. 그렇다면 프로토스가 인류의 미래상일까?

〈터미네이터2〉 미래에는 로봇들이 인간과 전쟁을 할지도 모른다.

여기서 잠깐!

스포츠와 스타크래프트

축구와 야구의 경기 규칙이 처음부터 지금과 같았을까? 여러분은 왜 경기 규칙이 지금과 같이 되었는지 생각해 본 적이 있는가? 스포츠의 경기 규칙은 선수들의 경기 능력 향상과 더불어 항상 적절한 균형을 맞출 수 있도록 변해왔다 (이를 '진화했다'고 표현하기도 한다). 축구의 패널티 라인의 경우를 예로 들어보자. 패널티 라인이 골대에서 너무 멀면 대부분의 골키퍼가 이를 모두 막아낼 수 있기 때문에 패널티로서의 의미를 상실한다. 그렇다고 너무 가까우면 모두 들어가기 때문에 그냥 점수를 주는 것과 다르지 않다. 이렇게 패널티 라인으로 의미가 있는 거리를 찾기 위해 거리는 계속적으로 변해왔다. 이는 축구뿐만 아니라 야구와 같이 다른 스포츠 규칙도 마찬가지이

다. 스타크래프트와 같은 게임뿐 아니라, 많은 소프트웨어도 항상 새로운 버전을 발표해 지속적인 수정을 해 나간다. 스타크래프트의 초창기 버전에서는 스포닝 풀의 빌드 타임이 너무 짧아 초반 저글링 러시로 다른 종족이 어려움에 처하는 경우가 많았다. 특히 초보자의 경우 테란과 저그가 가까운 거리에 있으면 초반에 맥없이 무너지는 경우가 많았기 때문에 초창기 테란은 일반 유저에게 선택 받기 어려운 종족이었다. 하지만 여러 번의 패치를 거쳐 이러한 문제를 수정한 이 후 각 종족이 힘의 균형을 이루게 되었고, 지금과 같이 멋진 게임으로 탄생하게 됐다. 이 책의 원고를 쓰는 중에도 두 번의 패치가 이루어졌고, 책이 나올 때 쯤 또 패치가 될 수도 있을 것이다. 게임은 출시하기 전에 개발팀 내에서 알파 테스트를 하고, 출시 직전 다시 베타 테스트를 거쳐서 좀더 완벽한 모습으로 세상에 선보인다. 만약 테스트를 하지 않고 출시했다가 결함이 발견되면 치명적일 수 있기 때문이다.

저그

● 저그 : 유전자 조작과 진화를 통한 슈퍼 괴물의 탄생

저그(Zerg)는 그 모습에서 알 수 있듯이 원래 제러스 행성의 곤충형 생물이었다. 이러한 저그가 공포의 생물이 될 수 있었던 것은 **유전자 조작**과 진화를 통해서 자연에서 얻어질 수 있는 장점을 모두 모아 그것을 극대화 할 수 있었기 때문이다. 그렇다면 실제로 **유전자 조작**과 진화를 통해 저그와 같은 괴물이 탄생할 수 있을까?

저그에 대해 이야기를 하기 전에 분명히 해 둘 것이 있다. 저그의 모든 능력이 마치 **유전자**에 의해 이루어진 것 같지만 유전자가 만능이 아니라는 것이다. 뉴스에서는 끊임없이 새로운 유전자를 찾았다고 방송하고, 많은 사람들이 영화 〈가타카〉에서와 같이 거의 모든 것이 유전자에 의해 좌우된다고 생각한다. 그렇게 보면 우리는 유전자의 마법에 걸린 세상에 살고 있는 듯 하다. 하지만 새로운 유전자를 획득한다고 해서 새로운 능력 또는 기관이 생겨나는 것은 아니다. 어떤 사람이 늑대의 유전자를 몇 개 가진다고 해서 늑대 인간이 되지 않는 것과 같이 그 유전자가 꼭 어떤 형질을 발현시킨다는 보장이 없기 때문이다. 또한 유전자의 수가 많다고 해서 더 우수한 생물체 또는 고등한 생물체라고 단정 지을 수도 없다. 따라서 저그가 많은 유전자를 가지고 있다고 해서 더 뛰어난 생물이 된다는 보장은 없는 것이다. 뿐만 아니라 어떤 유전자가 그 생물체에게 좋은지 나쁜지를 판단하는 일은 결코 쉬운 일이 아니다.

저그의 무서움은 곤충, 기생충, 바이러스 등 자연에 존재하는 생물들의 장점을 따서 극대화시켰다는 데 있다. 저그는 곤충의 견고한 외골격과 뛰어난 번식력을 가지고 있다. **기생벌(parasitic bee)**과 같이 다른 생물의 몸속에 알

저그의 탄생

젤-나가라는 뛰어난 유전자 조작 기술을 가진 우주인들은 아이우 행성에서 프로토스 발전 계획이 실패로 돌아가자 저그를 다음 대상으로 하여 유전자 조작을 하게 된다. 저그는 젤-나가에 의해 제러스 행성의 악조건을 이겨내고 다른 생명체의 살 속에 들어가 그 생명체와 결합하는 기술을 얻게 되었다. 이렇게 하여 저그는 다른 생명체와 결합을 통하여 새로운 유전자를 획득하며 계속적인 진화를 거듭하여 지금과 같은 무시무시한 생명체로 바뀌게 되었다.

을 낳아 새끼를 부화하기도 하고, 바이러스와 같이 다른 종족의 유닛을 감염 시켜 체력을 떨어뜨리거나 조종하기도 한다.

생물의 특성 중에서 우수한 공격력과 번식력을 모두 모은다면 저그와 같은 무시무시한 종족이 탄생하지 말라는 법도 없을 것 같다. 대부분의 사람은 사나운 맹수에게 무기 없이 이기기 어렵다. 심지어 곤충의 경우에는 강력한 무기(살충제 등)를 가지고도 아직까지 싸움에서 이기지 못하고 있으며, 세균이나 바이러스의 경우에는 우리가 싸움에서 질지도 모른다는 불안감을 줄 정도로 강력한 번식력을 보인다. 인간이 만들어 낸 전쟁 무기들은 강력해 보이지만, 사실 독감에 비하면 아이들 장난감 정도 밖에 안 된다. 이때까지 전쟁에서 죽은 사람의 수보다 독감에 의해 죽은 사망자가 훨씬 많다. 또한 전쟁 중에 죽은 사람의 상당 수도 무기에 의해 죽은 것이 아니라 전염병에 의해 죽은 경우가 더 많았다.

살충제의 남용이 내성을 가진 개체의 탄생을 부른다.

동물들 중에는 뮤탈리스크와 같이 산성 물질이나 화학물질을 만들어 적을 공격하는 동물들이 많이 있다. 대표적으로 우리 주위에서 흔히 보는 개미는 개미산을 만들어 물리면 빨갛게 부어오르게 한다. **폭탄먼지벌레**의 경우 100℃나 되는 강력한 화학 물질을 적을 향해 1초에 수십 번 발사할 수 있는 능력이 있다.

생물의 몸은 그 환경에 적합하게 발달되어 있다. 곤충의 다리를 예로 들어 보자. 곤충의 다리가 모두 비슷할 것이라 생각하겠지만, 사실 그들의 다리는 매우 다양하다. 공격형의 다리와 점프를 하는 다리, 땅을 파는 다리 등 필요에 따라 모두 다른 형태로 생긴 것이다. 메뚜기의 뒷다리는 점프

남방폭탄먼지벌레

벌레를 잡는 사마귀

공격형 다리

공격형 다리 중에서 가장 유명한 것은 아마 사마귀일 것이다. 사마귀의 놀라운 사냥 실력을 본 딴 것이 중국의 당랑권이라는 무술이다. 당랑권에서 당랑(螳螂)은 사마귀를 뜻하는데, 왕랑이라는 사람이 사마귀가 매미를 잡는 것을 보고 착안해서 만들었다고 전해지는 권법이다. 저글링의 앞다리의 경우 사마귀와 닮았기 때문에 대단히 공격적인 전투 유닛이라는 것을 알 수 있다.

하는 다리이다. 땅강아지의 앞다리는 땅을 파기에 적합한 구조이다.

특별한 공격형 무기 없이도 자연에서는 거대한 덩치가 생존에 중요한 변수가 되기도 한다. 코끼리의 경우 거대한 덩치 덕분에 어른 코끼리를 만만하게 공격할 수 있는 동물은 없다. 영화 〈반지의 제왕 3〉에 등장하는 코끼리의 모습을 봤다면 거대한 덩치가 얼마나 큰 무기인지 알 수 있을 것이다. 울트라리스크의 경우에도 그 거대한 몸집이 공격과 방어에 유리한 무기가 된다. 하지만 거대한 덩치가 무조건 좋은 것은 아니다. 특히 외골격 생물체의 경우 **탈피**를 통해 성장해야 하는데, 거대한 곤충의 탈피가 쉽지만은 않을 것이기 때문이다. 또한 조그만 곤충과 같은 강도를 지니기 위해서 그들의 골격은 더욱더 두꺼워져야 하며, 이 때문에 거대한 곤충은 자신의 무게에 눌려 꼼짝도 못하게 된다.

〈반지의 제왕 3〉 거대한 코끼리가 많은 병사들을 쓰러트리고 있다.

저그는 변태를 통하여 유닛을 만들기도 하지만, 건물이 되기도 한다. 건물이 되기 위해 변태 중인 드론은 숨을 쉬는 듯이 헐떡거리는 모습을 보인다. 생물체라면 살아 있기 위해서 호흡을 해야만 한다. **호흡(respiration)**이라 하면 흔히 **숨쉬기(breathing)**만을 떠올리는 경우가 많다. 물론 이것도 호흡의 일종이기는 하지만, 진정한 의미의 호흡은 아니다. 식

숨쉬기와 호흡

숨쉬기가 호흡과 혼동되는 경우가 많기 때문에 호흡을 세포호흡이라고 부르기도 한다. 또는 숨쉬기를 외호흡, 세포호흡을 내호흡이라고 부르기도 한다.

물뿐만 아니라 곤충은 물론 미생물들도 모두 호흡을 한다. 사람 같이 가슴이 오르락내리락하지는 않지만 식물도 호흡을 한다. 이는 호흡이 모든 생물이 살아가는 데 꼭 필요한 과정이라는 것을 말해 준다. 호흡은 생물이 영양분을 산화시켜 생활에 필요한 에너지를 얻는 과정이기 때문에 어떤 생물이나 호흡을 하는 것이다. 이와 같은 관점에서 볼 때, 변태 중인 번데기가 헐떡거리는 것은 성충으로 변태하는 데 막대한 양의 에너지가 소모된다는 의미로 해석할 수 있다.

사실 저그는 아주 상이한 종류의 유기체들이 함께 살아가는 거대한 공생체이다. 자연에서는 오랜 세월 함께 살던 생물이 결합하여 공생관계를 맺어 하나의 종으로 진화하는 경우도 생긴다. **마굴리스(Lynn Margulis)**와 같은 과학자는 대부분의 새로운 진화가 공생으로부터 출현했다고 주장한다.

공생설(Symbiotic theory)은 다윈의 자연 선택설과 달리 생물끼리의 경쟁이 아니라 협조가 진화를 가져온다고 주장한다. 또한 돌연변이의 축적에 의한 점진적인 진화가 아니라 공생에 의해 도약적인 진화가 일어난다는 것이다. 마굴리스는 공생설의 증거로 **미토콘드리아, 엽록체, 파동모**(편모나 섬모)를 들고 있다. 미토콘드리아와 엽록체는 핵이 가지고 있는 DNA와 별개의 DNA를 가지고 있어 어느 정도 독립적이다.

마굴리스

마굴리스는 작고한 칼 세이건의 아내였다. 칼 세이건은 과학 대중화에 가장 큰 공헌을 한 과학자 중의 한 사람이며, 마굴리스는 당시 학계에서 외면 받고 있던 공생발생설을 부활시킨 인물이다. 마굴리스는 1986년 아들 도리언 세이건과 함께 '성의 기원(Origin of Sex)'을 저술해 더욱 유명해졌다. 마굴리스의 내공생설이 이전의 다른 과학자들이 주장했던 것과 달리 학계에서 관심을 끌 수 있었던 것은 전자현미경과 분자 생물학의 발달에 힘입은 바가 크다.

또한 **이중막 구조**를 하고 있는데, 하나는 원생생물이었을 때 자신의 막이고 다른 하나는 숙주가 가진 막이라고 추측된다. 이는 땅콩이 밀가루 반죽 속에 빠졌을 때 땅콩 원래의 껍질과 밀가루 반죽

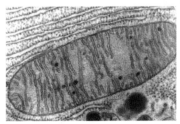

내막
외막
크리스타
매트릭스

미토콘드리아 외막과 내막의 이중구조로 되어 있다.

의 2개의 표면을 가지게 되는 것과 같은 이치다.

마굴리스의 이론에 논란이 있기는 하지만, 세포 내의 기관인 세포소기관이 공생의 결과라는 주장은 이제 많은 과학자들로부터 지지를 받고 있다. 광합성을 하는 시아노박테리아의 후손이 엽록체이며, 미토콘드리아는 산소를 호흡하는 박테리아가 공생을 통해 세포 내의 소기관이 되었다는 것이다. 따라서 생물학자들은 **진핵생물**의 진화를 연구하기 위해 단세포 생물로서 가장 원시적인 형태의 원생생물을 연구하게 된다.

저그의 형태를 보면 거대한 **군체(colony)**라고 할 수 있다. 군체는 단일한 생물체들이 모여서 살고 있는데 반해, **군집(community)**은 어떤 지역에 사는 모든 생물을 말한다. 곤충들 중에 가장 발달한 생물인 벌과 개미가 바로 군체 생활을 한다.

저그의 생식 방법의 특징은 **무성 생식**을 한다는 것이다. 저그는 암수의 구분이 없어 보이며, 오로지 해처리에서 라바가 변태되어 유닛들이 생산된다. 일반적으로 무성 생식은 유성 생식에 비해 생산되는 개체수가 많고 생식 주기가 짧다. 이 또한 저그의 중요한 특징이다.

리처드 도킨스와 같은 일부 생물학자들은 이 세계를 유

진핵생물

핵막으로 둘러싸인 핵을 가진 생물

저그를 군체로 보는 것은 저글링, 히드라, 뮤탈리스크 등 저그의 유닛들이 모습은 달라도 모두 같은 종이라는 의미이다.

여기서 잠깐!

저그와 인간

저그는 생물체의 세포 속으로 파고들어 유전자를 획득한다고 한다. 유전자를 획득한다는 측면에서 보면 우리 인간도 비슷한 모습을 하고 있다. 즉, 우리 몸으로 들어온 바이러스의 유전자를 내 것으로 만들어 자식에게 물려주고 있다. 바이러스라고 하면 몸으로 들어와 병을 일으키는 녀석쯤으로 생각하고 있겠지만, 일부 바이러스는 세포 내로 들어왔다가 그냥 눌러서 살고 있기도 하다. 저그가 다른 생물체의 유전자를 획득하는 것과 인간(물론 다른 동물도 마찬가지이다)이 바이러스의 유전자를 획득(?)하는 것을 보면 인간에게도 저그적인 측면이 있는 것이 아닌지 모르겠다.

전자 풀이라고 부르며, 유전자의 세계로 진화를 설명한다. 유전자 풀이라는 말과 저그의 스포닝 풀에서 무엇인가 떠오르는 것이 있는지?

프로토스

● **프로토스 : 신인류의 탄생 로보사피엔스(Robo Sapiens)**

영화 〈바이센테니얼 맨〉에서 앤드류(로빈 윌리엄스)는 인간이 되고자하는 안드로이드이다. 안드로이드인 그가 인간이 되기 위해서 하나씩 인간의 장기로 바꾸어 가는 모습은 매우 인간적(?)이다. 앤드류는 여러 면에서 사람보다 훨씬 뛰어나다. 그는 사람보다 훨씬 똑똑하며, 늙지도 않고 건강하다. 앤드류는 인간이 되기 위해 자신의 인공 장기를 생체 조직으로 하나씩 대체하지만, 화면 밖의 현실은 이와 반대이다. 오히려 인간이 늙거나 병든 장기를 인공 장기로 대체하고 있다. 인공 장기를 가진 사람은 **사이보그**라고 할 수 있으며, 이것이 바로 프로토스의 모습이다.

〈바이센테니얼 맨〉 안드로이드로 태어난 앤드류는 계속적인 노력을 통해 인간으로 인정받으며 죽음을 맞이한다.

프로토스는 가장 앞선 기술을 가지고 있으며, 다른 종족보다 훨씬 강하다. 너무 기술이 앞선 나머지 홀루시네이션 (Hallucination)과 같은 기술은 마법 같아 보이며, 리콜 (Recall)과 같은 기술은 현대 과학으로선 불가능한 영역에 있어 보인다.

프로토스는 지금 우리가 사용하고 있는 전자를 이용한 컴퓨터가 아니라, **광자**를 이용한 광컴퓨터를 사용할 것이다. 포톤캐논도 광자를 이용한 것이지만 광컴퓨터 또한 광자를 이용한 것이다. **광컴퓨터**는 현재의 컴퓨터보다 훨씬 빠르고 정확하게 계산을 할 수 있다. 광컴퓨터에는 카다린 크리스탈과 같은 석영유리로 만든 광학스위치가 사용될 것이다. 또한 홀루시네이션을 사용할 수 있는 기술이 있기 때문에 엄청난 저장용량을 자랑하는 홀로그램 기억장치를 만들어 사용하고 있을 것이다.

스타크래프트에서 테란과 프로토스가 서로 전투를 벌이는 장면이 별로 낯설게 느껴지지 않는 것은 영화 〈터미네이터〉 시리즈와 같이 인간과 로봇의 대결을 그린 영화에 우리가 너무 익숙하기 때문일 것이다. 많은 영화에 등장하는 로봇들은 인간의 힘으로 대항하기에는 너무나 강력하여, 로봇에 대한 공포를 인간에게 심어주기에 충분하다.

하지만 사람들에게 로봇이 터미네이터와 같이 공포의 대상으로만 인식되는 것은 아니다. 영화 〈플러버〉에서 귀여운 로봇 위보와 〈스타워즈〉의 R2D2와 C3PO는 가장 많은 대중의 사랑을 받은 로봇이다. 많은 아이들이 강아지보다 로봇 강아지를 선물로 받기를 원한다. 그들은 로봇 강아지에 대해 아무런 거부감도 없어 보인다. 로봇 강아지를 선호하는 부모들도 있다. 로봇 강아지는 털이 빠지지 않으며, 강아

너무 강력한 로봇

〈터미네이터〉 1편에 등장한 터미네이터는 인간의 힘으로 제거를 하지만, 2편과 3편에서는 다른 로봇의 힘을 빌리게 된다.

지의 대소변을 치워야 하는 수고도 필요 없다. 죽거나 병들지 않기 때문에 아이들에게 마음의 상처를 주지 않는 등 많은 장점이 있기 때문이다.

그렇다면 로봇을 두려워하는 사람들의 생각은 어디에서 온 것일까? 이러한 생각의 기원은 '러다이트 운동'으로 거슬러 올라가야 할 것 같다. 서양에서 이와 같이 로봇에 대한 반감을 가지고 연구를 방해하며, 로봇을 파괴하는 동안 일본은 로봇에 애정을 가지고 꾸준한 연구를 했다. 저자와 같이 30~40대에게 친숙한 데즈카 오사무의 만화책 〈우주소년 아톰(일본명 철완 아톰)〉은 인간과 더불어 사는 로봇의 이미지를 대중들에게 강력히 심어줬고, 일본인들이 로봇이 적이 아니라 친구라는 느낌을 가지게 하는데 일조를 했다. 이러한 문화의 바탕이 일본 로봇 산업에 크게 보탬이 되었다는 것은 두말할 필요도 없다.

이제 과학자들은 물고기의 뇌를 전자 장비에 이식하여 사이보그를 만들 수 있는 기술을 가지고 있다. 또한 생체 내장 칩인 **베리칩(Verichip)**을 이식한 사이보그 가족도 생겨

〈우주소년 아톰의 표지〉 아톰은 일본 로봇 산업 발전에 큰 영향을 끼쳤다.

났다. 베리칩에는 가족들의 신상 정보가 담겨 있는데, 의학적 용도로 이식한 것이다. 또한 베리칩은 위치를 확인할 수 있기 때문에 납치와 같은 범죄 예방에도 활용할 수 있다. 사이보그가 점점 우리 생활의 한 부분으로 자리를 잡아가고 있으며, 로보캅의 등장도 시

러다이트 운동

러다이트 운동은 숙련 노동자들이 자동기계가 등장하면서 일자리를 잃어버릴 것을 두려워 한 나머지 기계 파괴 운동을 벌인 것을 말한다.

드래곤과 로보캅은 사이보그

간문제일 뿐이며, 죽어가는 질럿의 뇌를 이식한 드래군과 같은 사이보그의 등장도 시간문제일 뿐이다.

여기서 잠깐!

입이 없는 질럿이 어떻게 말을 할까?

게임에서는 각 종족에 따라, 그때 그때 상황에 따라 적당한 대사가 나온다. 그렇다면 이러한 대사들을 어떻게 전달하는 것일까? 테란은 통신장비를 이용할 것이다. 인공위성까지 띄울 수 있는 테란의 능력이라면, 장거리 통신도 어려운 일이 아니다. 그렇다면 동물에 가까운 저그의 경우에는 어떻게 대화를 하는 것일까? 저그의 경우, 초음파를 이용하거나 페로몬과 같은 화학물질을 분비하여, 의사소통을 할 수도 있을 것이다. 인간의 통신 장비에 비하면 초라하게 보일지 모르지만, 생각보다 그 능력은 뛰어나다. 코끼리나 기린의 경우 사람이 듣지 못하는 초저주파를 이용하여 멀리 떨어져 있는 동료들과 대화를 할 수 있다. 초저주파의 경우 산란이 잘 안되고, 사람이 들을 수 있는 음파보다 훨씬 멀리까지 전달되기 때문에 훌륭한 통신 수단이 될 수 있다. 심지어 향유고래나 돌고래와 같은 고래들은 초음파를 이용해서 의사소통을 할 뿐 아니라, 노래를 부르기도 한다. 이외에 독특한 의사소통 수단으로 꿀벌의 춤을 들 수 있는데, 이들은 춤을 통해서 꿀의 위치를 동료들에게 알린다. 인간이 봉화를 이용하기 훨씬 전부터 개똥벌레는 빛을 이용해서 대화를 해 왔다.

테란보다 뛰어난 과학기술을 가지고 있는 프로토스의 경우에도 통신장비를 이용한다고 생각할 수 있다. 하지만 입이 없어 보이는 프로토스의 경우에는 어떻게 의사소통을 하는 것일까? 아마 그들은 뇌에서 뇌로 무선 텔레파시를 통해서 의사소통을 할 것이다. 물론 아직까지 인간이 직접 텔레파시를 보냈다는 과학적인 증거는 없다. 하지만 사이보그의 경우에는 다르다. 인류 최초로 스스로 사이보그가 된 것으로 유명한 영국의 케빈 박사는 2002년에는 자신의 부인도 사이보그로 만들었다. 물론 부인이 실험에 참가를 희망했기 때문이었다. 이렇게 하여 부부의 몸에 이식된 칩을 통하여 두 사람은 신경에서 신경으로 바로 신호를 보낼 수 있었다. 아직까지는 단순한 신호밖에 보낼 수 없는 수준이지만, 미래에는 복잡한 신호도 보낼 수 있을 것으로 전망된다. 한때 사이비과학으로 치부되었던 텔레파시가 사이버네틱스와 신경공학의 발달로 드디어 과학의 영역으로 들어오는 때가 온 것이다.

대체어디에 쓰는 물건인고?

미네랄과 베스핀 가스

인간의 역사를 살펴보면 조금의 자원이라도 더 차지하기 위해 끊임없이 자원전쟁을 벌이고 식민지를 개척해 온 것을 알 수 있다. 이는 동물의 세계나 스타크래프트 또한 마찬가지이다. 스타크래프트에서도 유닛 생산뿐 아니라 건물을 만들고 업그레이드를 하기 위해서는 자원이 꼭 필요하다. 하나는 미네랄(Mineral)이고, 다른 하나는 베스핀 가스(Vespene Gas)이다. 일부 유닛의 경우 미네랄만으로도 생산이 가능하지만 이 두 가지 자원이 부족하면 게임에서 이기기 어렵다. 따라서 상대방에 대한 공격과 방어 뿐 아니라 동시에 조금의 자원이라도 더 차지하기 위해 식민지(멀티)를 개척해야 한다. 사람에게 필요한 자원은 미네랄과 같은 지하자원 뿐 아니라 식량자원이나 베스핀 가스와 같이 연료 자원도 필요하다. 그렇다면 유닛을 생산하는데 미네랄이 필요한 이유는 무엇일까? 만약 게임 속의 유닛이 아니라 진짜 생물이라면 살아가기 위해 무엇을 섭취해야만 할까?

● **생명의 기반 탄소**

지구에 살고 있는 모든 생명체는 **탄소 화합물**로 되어 있으며, 액체 상태의 물을 필요로 한다. 물론 이는 스타크 래프트의 유닛들도 마찬가지일 것이다. 저그는 물론이거니와 테란과 프로토스의 유닛들 또한 무인 조종 로봇(인터셉터나 옵저버의 경우에 무인 조종기일 가능성이 많다) 이 아닌 다음에는 반드시 탄소 화합물로 이루어졌을 것이

유닛을 생산하기 위해서는 미네랄과 베스핀 가스가 필요하다.

뵐러(1800~1882)

독일의 화학자로 유기 화합물과 기(radical)이론 확립에 크게 기여했다.

뵐러

요소

요소는 포유동물의 오줌에서 흔하게 얻을 수 있으며, 우리 오줌의 2~5%가 요소이다. 상어고기의 독특한 냄새는 바로 요소 때문이다.

클라크수

지구 표면을 구성하는 원소의 중량비로 산소가 가장 많으며, 규소, 알루미늄, 철의 순이다. 즉, 지각에는 탄소보다 철이나 알루미늄이 훨씬 풍부하다.

원자가전자

화학 결합에 참여하는 최외각 껍질의 전자.

라 생각된다. 이렇게 **탄소**만이 가지는 독특한 원자적 특성이 있기 때문이다.

과거에 탄소 화합물을 **유기물**이라고 불렀던 때가 있다. 이것은 유기물을 오로지 생물체를 통해서만 얻을 수 있다고 생각했기 때문이다. 19세기 초까지 화학자들은 유기체 또는 유기물이라는 것에는, 어떤 자연의 신비한 힘(Vital force)이 있기 때문에 실험실에서 만들 수 없다고 믿었다. 심지어 그 당시의 유기화합물은 의사나 생물학자들이 다루는 경우도 많이 있었다. 하지만 이러한 신념은 1828년 독일의 **뵐러**(Friedrich Wöhler)가 무기물인 시안산암모늄에서 유기물인 **요소**(urea)를 합성함으로써 무너졌다. 탄소 화합물을 **유기 화합물**(organic compounds)이라고 부르는 것은 그때의 전통을 따라서 사용하고 있는 것이다.

지금까지 알려진 1300만 개의 화합물 중 1100만 개가 탄소 화합물일 정도로 다양한 탄소 화합물이 존재하며, 합성할 수 있는 탄소화합물은 거의 무한하기 때문에 대부분의 화합물은 탄소 화합물이라고 해도 크게 틀린 말은 아니다. 탄소는 **클라크수** 14위로 지구상에 다소 풍부하게 존재하는 원소에 속한다. 하지만 탄소가 풍부하기 때문에 탄소 화합물이 그렇게 많이 존재하는 것은 분명 아니다. 그건 탄소만이 가지는 독특한 성질 때문이다. 탄소는 **원자가전자**(Valence electron)가 4개로 다양한 화합물을 만들 수 있다. 원자가전자가 4개라는 것은 결합할 수 있는 결합 고리가 4개라는 이야기이다. 이는 다양한 가지를 형성하여 많은 결합을 형성하여, 다양한 화합물을 만들 수 있다는 뜻이다. 아이들이 가지고 노는 블록의 경우 하나의 결합 고리 밖에 없지만, 다양한 모양을 만들 수 있는 것을 생각해 보면 4

개의 결합 고리에 의한 화합물이 얼마나 많은지 상상할 수 있을 것이다. 4개의 결합 고리를 가진 탄소는 수소와 산소, 그리고 탄소끼리도 다양한 **공유결합(covalent bond)**을 이루기 때문에 그렇게 많은 화합물의 생성이 가능한 것이다.

규소 또한 탄소와 주기율표에서 4A족에 속하는 비금속 원소로 원자가전자가 4개이다. 따라서 규소 또한 다양한 화합물을 만들 수 있으며, 실제로 다양한 규소 화합물이 존재한다. 하지만 탄소만큼 다양하지는 않기 때문에 유기 화학에서는 특별한 대접을 받지 못한다. 이러한 차이가 어디서 생기는 것일까? 우선 탄소-탄소의 공유결합이 규소-규소의 공유결합보다 강하다는 것을 들 수 있다. 따라서 결합력이 약한 규소는 탄소와 같이 기다란 사슬을 만들지 못한다. 또한 탄소-수소 결합이 규소-수소 결합보다 강하다. 이 때문에 규소-수소 화합물보다는 탄소-수소 화합물인 탄화수소 화합물이 더 많이 만들어질 수 있는 것이다. 하지만 지구는 규산염 행성이라 불릴 만큼 규소 화합물이 풍부한데, 흔히 보이는 돌에는 어김없이 규산염 광물이 포함되어 있다. 이것은 규소-수소 결합력이 약한 것과는 달리 규소-산소의 결합력이 강하기 때문이다.

규소는 원자가전자가 4이기 때문에 산소 원자 2개와 다른 규소 원자 2개가 동시에 결합하여, 그물 형상의 결합 구조를 이룬다. 이러한 구조를 가진 것이 지각에서 가장 흔한 이산화규소(SiO_2)이다. 이산화규소 또한 탄소의 다이아몬드와 비슷한 구조를 가지기 때문에 경도가 높은 편에 속하는 것이다. 게임 속에 보여지는 미네랄은 육각기둥의 결정 모양인데, 이 결정 모양으로 보면 석영(SiO_2)이라고 생각된다. 석영은 모스 경도 7로 매우 단단한 광물에 속한다. 핵융

공유결합

탄소의 결합 고리(전자쌍)는 수소나 산소의 결합 고리와 연결되어 화합물이 된다. 이 결합 고리를 공유전자라고 하며, 이때 두 원자 사이의 결합을 공유결합이라 한다. 공유결합은 탄소가 수소 또는 산소의 전자와 공유전자쌍을 이루어 결합하는 것과 같이 비금속원자들이 전자를 공유하여 일어난다.

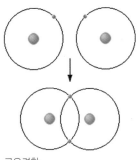

공유결합

사슬 구조

사슬 구조가 만들어질 수 있다는 것이 뭐가 그리 대단하냐고 생각할지 모르겠다. 하지만 사슬 고리 하나가 추가될 때 또 다른 화합물이 만들어지는데, 탄소는 이러한 고리를 몇 개고 계속 붙여나갈 수 있다.

탄화수소

탄화수소의 경우 탄소와 수소의 두 가지 원소로만 이루어져 있지만 그 화합물 수는 엄청나다. 탄소-탄소 고리가 얼마든지 연결될 수 있기 때문에 탄소와 수소 두 가지 원소로 이루어졌다고 하더라도 만들 수 있는 화합물의 수가 엄청나게 많다. 탄화수소 화합물 중에서 가장 간단한 것이 메탄(CH_4)이다. 탄소-탄소가 단일 결합으로 이루어진 탄화수소를 알칸이라고 한다. 탄소-탄소 이중 결합이 있으면 알켄이라고 한다. 알켄은 두 수소 원자가 빠져 나가면서 탄소의 나머지 전자쌍들이 이중 결합을 하면서 생긴다. 수소 원자 3개가 빠져 나가면서 탄소-탄소 삼중 결합이 생기는데 이러한 탄화수소를 알킨이라 한다.

쟨 왜 저런대?

미네랄하고 가스만 먹고 영양실조에 걸렸대.

비실 비실

균형잡힌 식단의 중요성

합 절단기를 가진 SCV의 경우에는 쉽게 채취를 한다고 하더라도 저그의 경우에는 이빨이나 발톱으로는 흠집을 내기도 어렵다. 밥을 먹다가 돌을 씹어 이가 부러지는 것은 석영이 이보다 경도가 높기 때문이다.

규소 화합물은 무기물이지만 탄소를 첨가하여 유기 규소 화합물을 만들어서 사용하는 경우도 있다. 이 화합물은 흔히 **실리콘(silicone)**이라고 하는데, 규소를 나타내는 'silicon'과 글자가 비슷하여 혼동하는 사람들이 많다. 실리콘은 성형수술에도 사용하고, 발수 작용이 있어 창문틀의 접착에도 사용한다. 또한 내열성이 있어 패킹(packing) 재료로도 우수한 편이다.

탄소 화합물에는 메탄이나 에탄과 같은 **탄화수소**뿐만 아니라 포도당이나 녹말과 같은 탄수화물도 있다. 또한 알코올류나 개미산이나 젖산과 같은 산류, 아세트알데히드와 같은 알데히드도 탄소 화합물이다. 탄수화물은 실험식 $(CH_2O)n$으로 표시가 되는 것으로 단당류, 이당류, 다당류가 있다.

초기에는 탄수화물은 '물을 포함한 탄소 화합물'이라는 뜻으로 $Cn(H_2O)m$으로 표기를 했다. 물론 이것이 정확한 것은 아니지만, 써 오던 이름을 지금도 그대로 사용하고 있다. 다당류에는 식물의 세포벽을 구성하는 셀룰로오스와 곤충의 외골격을 만드는 **키틴(chitin)**이 여기에 속한다. 따라서 저그의 유닛들이 키틴질 껍질을 만들기 위해서는 탄수화물을 섭취하는 것이 필수적이다. 따라서 저그의 일꾼인 드론들은 미네랄뿐 아니라, 녹색 식물을 채집하거나 농사를 지어야 한다. 모든 생물체 유닛이 살아가는 데 탄수화물은 필수이기 때문이다.

저글링의 천적 파이어 뱃

마린의 총알 공격보다는 파이어 뱃의 뜨거운 불기둥의 위력이 더 강력해 보인다. 저글링이 좁은 언덕의 입구를 지키고 있는 파이어 뱃을 뚫고 올라간다는 것은 거의 자살행위나 다를 바 없다. 이와 같이 유기물로 이루어진 생체 유닛들이 불에 약한 이유는 무엇일까? 탄소-탄소 결합에서 단일 결합보다는 이중 결합이, 이중 결합보다는 삼중 결합이 더 강한 결합을 하고 있기 때문에 분해하는 데 더 많은 에너지가 필요하다. 따라서 이중, 삼중 결합을 하고 있다면 결합력이 크다고 생각할 수도 있겠지만, 유기 화합물은 무기 화합물에 비하면 대체로 결합력이 약한 편이다(녹는점이나 끓는점이 낮다). 쉽게 이야기하면 유기물인 설탕이 무기물인 소금보다 훨씬 불에 잘 녹는다. 따라서 불에 잘 타는 것은 대부분 유기 화합물이다. 불에 타기 위해서는 물질이 기체 상태가 되어야 하는데, 끓는점이 낮아야 쉽게 기체 상태가 된다. 연료로 사용되는 유기 화합물은 끓는점이 낮아 쉽게 기화된다. 대부분의 유기 화합물은 300℃ 이상이면 분해되며, 1000℃ 이상의 높은 온도에 견디는 것은 단순한 구조를 가진 몇 가지 유기 화합물 밖에 없다. 분자들은 분해가 되면 결합 에너지를 방출하기 때문에 열을 얻을 수 있다. 부탄과 프로판 같은 탄화수소가 연료로 사용되는 것은 쉽게 분해되면서 열 에너지를 내 놓기 때문이다. 또한 유기물은 탄소를 포함하고 있기 때문에 타면 항상 검게 변한다. 검게 변하는 것은 탄소 때문이며, 이것을 더 높은 온도에서 계속 가열하면 탄소가 산화되어 이산화탄소로 바뀌게 된다. 따라서 결국은 일부 무기물을 제외하고는 모두 공기 중으로 사라져 버린다. 나무 한 그루를 태워도 한 줌의 재 밖에 남지 않는 것은 바로 이 때문이다.

● 미네랄의 정체

앞에서 이야기 했듯이 게임에서 보여 지는 미네랄은 육각기둥의 결정 구조를 가지고 있어, **수정**을 모델로 삼은 것 같다. 프로토스의 커다란 크리스털은 신비한 힘을 가지고 있다고 이야기한다. 영화 〈단테스피크〉에서 해리(피어스 브로스넌)는 자수정이 행운이 가져다 줄 것이라고 이야기한다. 마법사의 수정 구슬과 같이 옛날부터 수정은 어떤 신비로운 힘이 있다고 믿었던 것 같다. 또한 영화 〈슈퍼맨〉에서 우수한 과학 기술을 가진 슈퍼맨의 고향 행성 크립톤에서는 크리스털로 된 기구들로 모든 것을 조종한다. 하지만 실제로 수정에 초자연적인 특별한 힘 따위는 없다.

수정을 구성하는 규소는 결정 구조를 이루기 때문에, 탱크나 전투기의 장갑을 만들기에 적합한 물질이라고 할 수는 없다. 결정을 가진 물질들은 원하는 모양을 쉽게 만들기 어렵

파일런은 수정으로 만들었을까?

석영의 순수한 결정을 수정 또는 크리스털이라고 부른다.

석영의 순수한 결정형인 수정

〈슈퍼맨〉 슈퍼맨이 수정을 던지자 바다에서 수정건축물이 올라온다.

다. 또한 결정면을 따라 쪼개지는 성질이 있어 장갑같이 충격을 많이 받는 부분에 적합한 재료가 아니다. 왜냐하면 탱크 장갑의 경우 충격을 받았을 때 찌그러지는 것이 깨지는 것보다는 좋기 때문이다.

미네랄은 무기염류 또는 광물질을 뜻한다. 생물체는 소량이지만 미네랄이 꼭 필요하다. 3대 영양소를 구성하는 원소인 C, H, O, N이 몸의 96%를 차지하며, 미네랄을 포함한 나머지 원소는 불과 4% 밖에 되지 않는다. 사람은 탄수화물, 단백질, 지방과 비타민, 무기물과 물을 섭취해야만 살아갈 수 있다. 우리가 섭취하는 영양소는 곧 우리 몸의 구성 물질을 의미한다. 다른 생물들 또한 몸의 구성 물질이 사람과 크게 다르지 않다. 물론 종마다 필요로 하는 무기물의 종류와 양도 다르지만 생물들은 탄수화물, 단백질, 지방으로 구성되어 있고, 물이 필요하며 무기물이 몸에서 중요한 역할을 한다는 것은 같다.

미네랄의 모습이 수정과 닮았다고 하여 단순히 수정이라고 하기에는 곤란한 점이 있다. 수정일 경우에 모든 유닛을 생산하고, 업그레이드를 하는 데 필요한 자원을 충족시킬 수 없기 때문이다. 즉 기계화 유닛인 탱크와 벌처, 레이스를 만드는 데는 철, 구리, 알루미늄과 같은 금속이 필요하고 저그의 갑각을 만드는 데는 칼슘이 필요하는 등 다양한 물질이 필요하기 때문이다. 따라서 게임에서 보이는 미네랄의 모양만 보고 수정이라고 할 수는 없을 것 같다. 이보다는 다양한 광물질이라고 해야 옳을 것이다.

수정이나 다이아몬드의 결정은 매우 단단하게 결합되어 있어 쉽게 깨지지 않는다. 금속은 전성과 연성을 가지고 있다. 장갑이 가져야 할 성질은 단단함과 함께 전성과 연성이 있어야 한다. 물론 절대로 깨지지 않는다면 전성과 연성이 필요없다. 하지만 그러한 물질은 없기 때문에 깨지는 것보다는 휘어지더라도 모양을 갖추고 있는 것이 좋다는 의미이다.

우선 기계화 유닛을 만드는 데 가장 많이 필요한 철부터 살펴보자. 석기 시대, 청동기 시대를 이어 시작된 철기 시대는 수천 년이 지났지만 아직도 그대로 이어지고 있다. 인류가 철을 처음으로 사용한 것은 철질 운석 속의 철이었다. 순수한 형태의 철이 가장 풍부하게 함유된 것이 바로 운석이기 때문이다. 이후 초기의 원시적인 용광로를 이용하여 철을 생산하였다. 프로토스의 포지(Forge)는 대장간 또는 노를 뜻한다. 이것으로 프로토스 또한 여전히 철기를 사용하고 있다고 판단된다.

현대 구조물의 90% 이상은 철을 사용하고 있으며, 철이 없는 현대 문명은 존재할 수 없다고 할 만큼 중요한 금속이 바로 철이다. 철에 탄소를 첨가하면 다양한 성질의 철을 얻을 수 있으며, 식히는 온도에 따라서도 성질이 달라진다. 따라서 좋은 칼을 만들기 위해서 노예의 피나 오줌을 사용했다는 기록도 있다.

철이 가장 많이 사용되는 이유는 활용도가 높다는 것 이외에도 금속 중에서 가격이 가장 저렴하기 때문이다. 그렇다고 철이 기계화 유닛에게만 필요한 것은 아니다. 철은 헤모글로빈의 구성 원소로 산소를 운반하는 역할을 한다. 피가 붉은 이유는 바로 철 때문이며, 근육이 붉은 이유는 피 때문이 아니라 근육 속의 **미오글로빈** 때문이다. 미오글로빈은 **헤모글로빈**과 비슷한 헴단백질로 헤모글로빈이 적혈구 속에 있는 것과 달리 근육 속에 있다.

저그의 울트라리스크는 키티누스 플래팅(Chitinous Plating)을 통해 방어력을 향상시킨다. 이것은 키틴질의 단단한 갑각을 두른다는 의미이다. 가디언이나 다른 저그의 유닛들도 기본적으로 갑각을 가지고 있는 듯이 보인다. 갑

역사 시간에 시대를 구분하다 보면 자칫 철기 시대가 과거의 한 때였다고 생각할 수도 있다. 하지만 현대 문명도 철을 기반으로 하고 있기 때문에 철기 시대라고 할 수 있다.

철은 녹는점이 1535℃, 끓는점은 2750℃이다. 순수한 철은 너무 무르기 때문에 쓰임새가 별로 없다. 따라서 철에 탄소뿐만 아니라 니켈, 크롬, 망간 등을 첨가해서 합금을 만들어 사용하는 경우가 많다. 철에 크롬을 첨가한 것이 스테인레스강으로 녹슬지 않기 때문에 많이 사용된다.

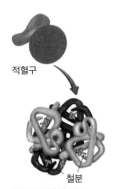

적혈구

철분

헤모글로빈의 구조

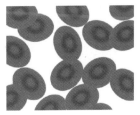

혈액이 빨간 것은 적혈구 때문이다.

저녁석 잡으면 키토산이 많이 나오겠는데?

그러게~!

쿨 쿨...

키토산은 갑각류의 껍질에 풍부하다.

각은 키틴에 탄산칼슘이 첨가되어 만들어진다. 게와 같은 갑각류 껍질의 탄산칼슘을 녹이면 키틴만 남는다. 이것을 처리해서 얻은 키토산을 시중에서는 건강식으로 팔고 있다. 즉, 저그의 단단한 갑각을 생산하기 위해서는 칼슘이 필요하다. 칼슘은 지각에 철 다음으로 많이 함유되어 있는 원소이며, 인체에는 체중의 약 2%가 칼슘이다. 칼슘은 우리 인체의 뼈와 이의 중요한 구성 성분이다. 인체에서는 갑각류와 같이 탄산칼슘이 아니라 인산칼슘의 형태로 되어 있다. 나이가 들면 뼈에서 인산칼슘이 차지하는 비율이 높아지기 때문에 뼈가 딱딱해진다.

곤충은 껍질로 되어 있어 뼈가 없다고 하는 경우가 있는데 틀린 말이다. 절지동물은 뼈가 없는 것이 아니라 뼈가 근육 밖에 있는 **외골격(exoskeleton)**구조를 하고 있다. 이와 달리 사람은 뼈가 몸속에 있는 **내골격(endoskeleton)**을 가지고 있다. 사람의 뼈는 몸을 지탱해 주는 지지 역할도 하지만, 칼슘의 저장고 역할도 한다. 뼈는 칼슘뿐만 아니라 인, 마그네슘, 나트륨과 같은 무기염류의 저장고 역할도 한다. 한마디로 바닷물의 역할을 대신한다고 할 수 있는데, 이는 태초에 생명이 바다에서 생활했기 때문이다. 혈액 내의 칼슘 농도는 항상 일정하게 유지가 되는데, 만약 농도가 낮아지면 이것을 뼈에서 공급받게 된다. 따라서 등뼈를 무기로 사용하는 히드라리스크는 자신의 등뼈를 마구 낭비하는 바람에 항상 칼슘 부족에 시달려야 할지도 모른다.

몸에 필요한 미네랄 중 나트륨, 칼륨, 마그네슘, 칼슘, 염소는 다른 원소에 비해 많이 필요한 편이다. 이에 비해 철, 아연, 구리는 **미량 원소**에 속하며, 플루오르, 셀렌, 규소 등은 **극미량 원소**에 속한다. 놀라운 것은 극약에 속하는 비소

셀렌(Selenium)

영화 〈레볼루션〉에는 운석을 타고 지구에 날아온 외계 생명체가 셀렌에 약하다는 사실을 알아내고 비듬 샴푸를 동원해 물리치는 장면이 등장한다. 비듬 샴푸의 원료 중에 황화셀레늄이 있는데, 이것을 염두에 둔 장면이다. 셀렌은 수은의 독성을 약화시키는 작용을 하며, 염증을 억제시키고, 면역을 촉진시키는 작용이 있다고 알려져 있다. 특히, 항암 효과가 있다고 알려지면서 셀렌이 포함된 식품들이 건강식품으로 각광을 받고 있는 것이다. 셀렌이 풍부한 토양에 사는 사람들은 다른 지역보다 암 발병률이 낮다. 셀렌이 부족한 중국의 극산 지방에 사는 사람들은 극산병(Keshan disease)이라는 심장 질환에 시달렸다. 하지만 셀렌이 많은 사료를 먹은 가축이 중독증상을 보인 것에서 알 수 있듯이 셀렌은 중독성 물질이다. 따라서 셀렌을 섭취할 때는 주의를 해야 한다.

또한 극미량 원소에 속한다는 사실이다. 즉, 우리는 비소도 먹어야 한다. 왜? 필요하니까! (그렇다고 비소를 일부러 먹어서는 안 된다. 그랬다가는 이 책을 끝까지 읽을 수 없게 될지도 모른다. 영원히 말이다.)

여기서 잠깐!

무얼 먹으면 죽을까?

드라마 〈허준〉

수업을 하다보면 학생들이 이런 질문을 할 때가 있다. "선생님, 그것 먹으면 죽어요?" 학생들에게 새로운 물질에 대해 설명할 때 종종 이런 질문을 받는다. 수은 중독을 비소로 치료한다는 것은 독을 독으로 다스릴 수 있다는 것이다. 독이라도 소량이면 약이 될 수 있다는 것이다. 몇년전 인기를 끌었던 드라마 〈허준〉에서도 비소를 탕약의 재료로 사용하는 장면이 나오는데 몰래 조심스럽게 사용하는 것을 볼 수 있다. 물론 반대의 경우도 성립한다. 약이라도 과량을 사용하게 되면 독이 되기도 한다. 심지어 물도 너무 많이 마시면 (배가 터지는 것이 아니라) 중독으로 죽을 수 있다. 즉, 아무리 좋은 음식이나 약도 과량을 섭취하게 되면 탈이 나게 되며, 독이라고 알려진 것도 잘 쓰면 약이 될 수 있다. 음식이나 약, 독의 구분이 항상 절대적인 것은 아니다.

어? 테란은
재생이
안되나?

대장금 메딕

?

기적의 치료사

저그의 재생 기능과
메딕의 힐, 프로토스의 쉴드

전 장의 천사 메딕(Medic). 공격력이 전혀 없음에도 메딕은 분명 테란의 꽃일 뿐만 아니라 강
력한 구세주이다. 부루더워에서 새로이 추가된 유닛인 메딕은 전투에서 부상당한 마린과 파
이어 뱃의 체력을 회복시켜 주는 치료 능력 때문에 테란 유저에게 중요한 유닛이다. 특히 저그와의
전투에서 메딕의 역할은 두드러진다. 메딕이 조합이 된 전투 부대는 저그에게 공포의 대상이다.

메딕의 역할이 이렇게 중요한 이유는 치료 능력 때문인데, 마린과 파이어 뱃이 적의 공격으로
부상을 당했을 때나, 스팀팩의 사용으로 체력이 저하되었을 때 체력을 원상 회복시켜 준다. 하지만
메딕의 능력은 생물 유닛에게만 효과가 있을 뿐 기계화 유닛에게는 도움이 되지 않는다. 즉, 벌처
나 탱크가 적의 공격을 받아 파괴 직전에 있다면 SCV로 수리를 해야지 메딕으로 치료할 수는 없
다. 메딕의 능력은 말 그대로 생물의 몸을 치료해 주는 것이다. 하지만 테란과 달리 저그는 시간이
흐르면 자연적으로 치유가 된다. 프로토스 유닛의 경우 체력은 회복되지 않지만, 쉴드는 복구 된다.
그렇다면 왜 저그만 자연적으로 체력이 회복되며, 테란은 메딕이 있어야 할까? 프로토스의 쉴드는
어떻게 복구되는 것일까?

● **재생 기능**

우린 세상을 평화롭게 바라보는 경향이 있는데, 사실 자
연은 매서우며 냉혹한 세계이다. 자연에 있는 모든 생물은

37

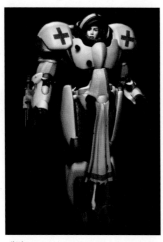
메딕

생존을 위해 끊임없이 투쟁을 해야 한다. 이러한 투쟁은 대부분 다른 종의 생물 사이에서 일어나지만, 때로는 동료들 사이에서도 일어난다. 지구상에서 녹색 식물을 제외하고 대부분의 생물은 다른 생물에게서 생존에 필요한 양분과 에너지를 얻어야 한다. 따라서 생물 사이에는 먹고 먹히는 복잡한 관계가 형성되며, 이러한 상황에서 살아 남기 위해서는 뛰어난 방어 기술과 공격 기술을 가지고 있어야 한다. 생물들에게는 하루하루가 스타크래프트 속의 상황과 같이 목숨을 건 전투 상황인 것이다.

조용히 서 있는 나무조차 예외는 아니다. 나무들은 수없이 달려드는 벌레들의 공격에서 자신의 잎을 지켜내지 못하면 굶어 죽게 된다. 또한 벌레들은 자신을 노리는 새들의 눈에 띄지 않게 잎을 갉아 먹어야 한다. 새들은 눈에 띄지 않는 벌레들을 찾기 위해 더 좋은 시력을 가져야만 한다. 이렇듯 수 없이 벌어지는 긴박한 상황에서 부상을 당하는 일도 종종 생긴다. 부상을 당했을 때 몸이 다시 원상 복구가 되지 않는다면 부상은 곧 죽음을 의미한다.

모든 생물체는 항상 자신의 몸을 일정한 상태로 유지하려고 하는데, 이를 **항상성**이라고 한다. 조그만 부상이나 질병의 경우 별도의 치료를 하지 않아도 원상 복구가 되는 것을 자연 치유라고 하고, 모든 생물들은 항상성을 유지하려는 성질을 가지고 있기 때문에 이러한 일이 가능해진다. 하지만 고무줄을 너무 많이 잡아당기면 끊어져 버리듯이, 자연 치유력을 넘어선 부상은 복구가 되지 않고 그 생물의 죽음으로 이어지게 된다. 즉 모든 생물들은 외부의 공격에서 자신을 방어하지 못하면 죽는다.

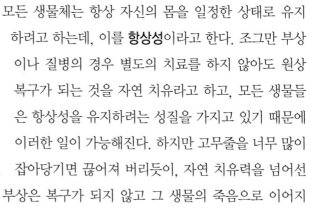

끝도 없이 해처리에서 쏟아져 나오는 저그의 유닛들은 하루에 수도 없이 죽어 없어지는 세포를 다시 재생해내는 생물의 놀라운 능력과 비슷한 면이 있다. 우리의 **골수**에서는 지금도 쉴 새 없이 새로운 **혈구세포**들을 만들어내며, 오래된 혈구세포들은 파괴된다. **적혈구**의 경우 피 1mm³에 500만개 정도가 항상 일정하게 유지가 된다. 적혈구의 수명이 120일 정도인 것을 생각하면 항상 새로 재생된다는 것을 알 수 있다.

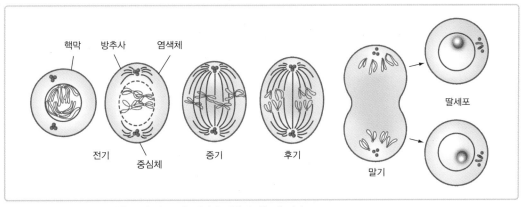

체세포 분열과정. 세포 분열을 통해 생물들은 성장과 재생이 가능해 진다.

신발과 발에 대해 생각해 보자. 아무리 튼튼한 신발이라 하더라도 몇 년을 신게 되면 낡고 떨어지게 마련이다. 신발을 아무리 아껴 신더라도 10년 이상 신기가 어렵지만, 발은 새로운 발로 교체하지 않아도 100년 이상 넉넉히 버틸 수 있다. 신을 신고 다니면 밑창이 닳아서 결국에는 밑창에 구멍이 나지만 발은 많이 걸어 다녔다고 해서 구멍이 나는 법은 없다. 오히려 많이 걸어 다니면 발에 굳은살이 생겨 더 두꺼워진다(물론 영구치나 관절과 같이 너무 많이 사용하게 되면 닳아서 탈이 나는 부분도 없지는 않다). 신발은 오

테란

아아~~ 메딕,어서 후송 보내줘요~~

조금만 참아요 치료 끝나면 다시 싸울 수 있어요!

메딕은 천사?

랫동안 자신의 모습을 유지하는 것이 불가능하지만 발은 가능한 이유가 무엇일까? 그것은 발은 세포분열을 통해 유지보수를 하지만 신발은 그렇지 않기 때문이다.

몸에 있는 세포들은 일정한 수명을 가지며 수명이 끝나거나 손상을 입게 되면 다른 세포로 교체가 된다. 세포가 다른 세포로 교체가 되는 작업은 세포분열을 통해 이루어진다. 마린은 전투 중에 다양한 부상을 당하게 된다. 그러나 거의 죽기 직전이더라도 메딕의 치료 기능을 통해서 순식간에 체력을 회복한다. 심지어는 부상을 당하면서, 뒤에서는 치료를 계속하여 전투를 하는 경우도 많이 있다. 이러한 일이 가능하기 위해서는 메딕이 마린 몸의 세포들이 빠르게 세포분열할 수 있게 하는 능력을 가지고 있어야 한다.

마린의 부상이 심하지 않다면 세포분열 촉진만으로도 치유가 가능하지만, 신체 기관의 일부가 절단되는 것과 같은 큰 부상은 세포분열만으로는 해결이 되지 않는다. 그것은 세포분열로 기관을 재생하는 데는 한계가 있기 때문이다. 사람의 경우에는 유아기에 손가락 한마디 이하의 절단 사고를 당하면 잘린 부분이 다시 재생된다. 하지만 마린이 도마뱀이나 불가사리가 아닌 이상 신체의 일부가 잘리면 다시 재생되지 않는다. 이는 대부분의 포유동물도 마찬가지다.

재생(regeneration)은 신체 기관의 일부가 손상되었을 때 다시 원상 복구시키는 능력을 말한다. 곤충(바퀴벌레), 편형동물(플라나리아), 강장동물(히드라), 극피동물(불가사리), 양서류

 재생

피부는 4주, 위벽은 2–3일, 소장 내벽은 단 하루 만에 새로운 세포로 대체가 된다. 간은 감염이나 외상에 대해서 아주 뛰어난 재생 기능을 가지고 있는데, 프로스타글란딘이라는 지방분자가 재생을 촉진하는 것이라고 한다. 뼈가 부러졌을 때 깁스만 하고 몇 주일 지나면 다시 회복되는 것도 뼈가 재생 기능을 가지고 있기 때문이다.

영원도 재생능력이 뛰어나다.

(영원), 파충류(도마뱀) 등등 동물의 세계에서 재생은 드문 일이 아니다. 오히려 조류와 포유류를 제외하고는 광범위하게 일어나는 현상이다. 물론 포유류의 경우에도 피부나 소화관 내부, 자궁 내벽과 같이 주기적으로 재생되는 것도 있지만, 다른 종의 동물에 비할 바가 못 된다. 이와 같이 동물에 있어서

〈맨인 블랙〉 외계인은 머리에 총을 맞아도 다시 재생해낸다.

재생은 생물의 복잡성에 따라 달라진다. 즉, 단순한 생물일수록 재생은 잘 일어나며, 고등 생물일수록 재생은 보기 드문 현상이 된다. 또한 그 개체 내에서도 머리와 같이 복잡한 기관보다는 꼬리나 다리와 같이 상대적으로 덜 복잡한 기관만 재생되는 경향이 있다.

여기서 잠깐!

상처엔 메딕을 불러주세요

흔히 상처가 나서 딱지가 앉으면 상처가 낫는 중이라고 여기며, 딱지를 떼지 않아야 흉터가 생기지 않는다고 생각하는 경우가 많다. 하지만 딱지를 제거하고 싶은 엄청난 충동을 참고 견디지만 남는 것은 흉이진 피부 밖에 없다. 상처가 생기면 피부는 완전히 원래대로 돌아오지는 않는다. 그래서 피부 재생술을 통해 흉터를 제거하여 원래의 피부와 최대한 비슷하게 만들고자 한다. 흔히 알고 있는 것과 달리 피부에 상처가 났을 때 건조하게 하는 것보다 습기를 유지시켜 주는 것이 피부 재생이 더 빠르다. 세포의 성장인자를 자극하여 피부 재생을 빠르게 할 수도 있다. 상처에 뿌리는 피부 재생 촉진제도 있는데, 메딕이 사용하는 것이 이것일까?

● 프로토스의 쉴드(Shield) 복구기능

프로토스는 과학기술이 매우 발달한 종족으로 많은 기술들이 놀라움을 주기에 충분하다. 특히 쉴드 기능은 별것 아닌 것 같아 보이지만, 그 실체를 알고 보면 매우 놀라운 기술에 속한다고 할 수 있다. 쉴드는 말 그대로 방패 기능으로, 이것 자체로는 별로 놀라운 것이 아니다. 진짜 놀라

운 것은 쉴드가 시간이 지나면 스스로 복구된다는 것이다.

게임뿐만 아니라 많은 애니메이션과 영화에서 사이언스 베슬의 디팬시브 매트릭스와 같이 에너지 장막에 의한 방어기능을 하는 장면을 어렵지 않게 찾을 수 있다. 하지만 아직까지 에너지 공격이나 물질 공격을 모두 막아낼 수 있는 그러한 에너지 장막을 만들 수 있는 가능성은 별로 없어 보인다. 그것보다는 갑옷과 같이 외부 장갑을 두르고 장갑을 강화하는 것이 더 효과적일 것이다(물론 가장 좋은 방법은 공격을 피하는 것이다). 프로토스의 쉴드가 외부 장갑이라고 할 경우에는 EMP쇼크 웨이브에 의해 쉴드가 사라지는 것은 설명할 수 없지만, 에너지 장막 보다는 이것이 기술적으로 더 실현 가능해 보인다.

그렇다면 장갑이 자연 복구가 되는 것은 어떻게 설명할 것인가? 이렇게 자연 복구 되는 것은 저그와 같은 생물에서 그 대답을 찾을 수 있다. 생물은 **자기조직화(self-organization)**라고 하는 자신의 몸을 구성하는 원리를 통해서 상처 부위를 재생해 낸다. 쉽게 이야기 하면, 우리 몸은 세포들이 스스로 자신과 같은 세포들을 만들어 냄으로써 유지된다는 의미이다. 즉, 우리 몸에 상처가 나면 대뇌에서 어떤 특별한 명령을 보내서 ― 즉, 생각해서 치료하는 ― 처리하는 것이 아니라, 상처 주변의 세포들이 자발적으로 재생해 내는 것이다.

이렇게 놀라운 자연의 기술을 드디어 우리도 흉내 낼 수 있는 원리를 조금씩 이해하기 시작했다. 우리의 미래 모습을 완전히 바꾸어 놓을지도 모를 이러한 능력을 바로 **나노 기술**

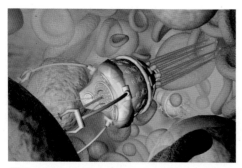
병든 세포를 치료하는 나노봇. 나노기술은 인간의 미래를 완전히 바꾸어 놓을 수 있다.

(Nanotechnology)이 가지고 있다. 각종 화장품이나 세탁기에 이르기까지 이미 실용화된 나노 기술도 많이 있지만 이것은 아직 나노기술의 시작에 불과하다. 나노 페인트를 바르게 되면 쉽게 벗겨지거나 오염되지도 않는다. 나노 유리창은 빗물이 그대로 흘러가버리기 때문에 와이퍼가 필요 없게

〈이너스페이스〉 초소형 잠수정을 타고 사람의 몸 속을 돌아다니고 있다.

된다. 나노 입자는 적조와 같은 환경문제를 해결하고, 나아가 아예 환경오염이 발생하지 않게 할 수도 있다. 가장 환상적인 것은 영화 〈마이크로 결사대〉나 〈이너스 페이스〉와 같이 혈관 속으로 나노 로봇들이 돌아다니면서 질병을 치료할 수도 있다는 것이다. 이렇게 되면 진시황과 같은 많은 사람들이 그렇게 찾기를 의망했던 불로불사의 방법을 나노 로봇들이 제시할지도 모른다. 몸속을 나노로봇들이 돌아다니다가 병이 들거나 손상된 세포를 치료하게 되면 난치병이나 노화의 굴레에서 벗어날 수 있을지도 모르는 것이다.

원하는 물체를 만드는 방법에는 탑-다운(Top-down)방식과 바텀-업(Bottom-up)방식이 있다. 탑-다운 방식은 전통적으로 우리가 흔히 물체를 만드는 방식으로 큰 물체를 깎아서 원하는 것으로 만드는 것이다. 바텀-업은 자연에서 생물들이 자기 몸을 구성하는 방식으로 분자를 조립하여 만드는

탑-다운 방식과 바텀-업 방식

방식이다. 즉, 돼지고기를 많이 먹는다고 우리가 돼지화 되는 것이 아니라, 돼지고기는 소화된 후에 작은 분자(아미노산 등)로 나누어지고 이것을 가지고 다시 우리 몸을 구성해 나가는 것이다.

구리표면의 주사터널링 현미경 사진.

이러한 **분자조립(Molecular Assembly)** 기술을 가지게 된다면 에너지 문제와 식량 문제 같은 것은 더 이상 지구상에 존재하지 않게 된다. 분자조립을 통해 우리가 원하는 것은 어떤 것이라도 얻을 수 있기 때문이다. 기술 자체가 너무 꿈 만 같기 때문에 아직까지 이것에 회의적인 눈길을 보내는 과학자들이 많다. 이는 분자를 집어서 원하는 위치에 배치하는 분자로봇을 만드는 것이 너무 어렵기 때문이다. 여하튼 이러한 기술의 가장 초보적인 수준에 해당하는 원자를 움직여 글씨쓰기 기술은 이젠 별로 놀라운 뉴스에 속하지도 않는다. 이 때 사용한 것이 세계 최초의 원자현미경인 **주사터널링현미경 (STM Scanning Tunneling Microscope)**이라는 것이다.

STM

주사터널링현미경과 함께 나노세계를 연구하는데 사용되는 것이 **원자힘현미경**(AFM, Atomic Force Micoroscope)이다. **주사탐침현미경**(SPM, Scanning Probe Microscope)은 이 두 현미경을 함께 부르는 말이다. 원자현미경의 탐침을 프로브(Probe)라고 하는데, 프로토스의 일꾼인 프로브는 자원만 캐는 것이 아니라, 바로 나노 세계의 인도자의 역할도 하는 것이다.

이렇게 분자조립기술을 가진 프로토스는 질럿이 전투 중에 장갑의 손상을 입었을 때 장갑을 수선하는 조립기들을 동원해 전투 중에 바로 손상된 부분을 재생할 수 있게 된다. 즉, 쉴드가 재생되는 것이다. 얼마나 멋진 생각인가? 이와 같은 멋진 일을 생물들은 매일같이 해 내고 있는 것이다. 생물체들은 손상부위를 스스로 치료할 수 있는 재생 기능을 가지고 태어나지만, 탱크와 같은 무생물들은 재생은커녕 시간이 지날수록 낡게 되고 결국에는 고철로 전락해 버린다. 자연이 가진 놀라운 기술을 우리는 이제 흉내 내려고 하고 있는 것이며, 프로토스는 그 기술을 가지고 있는 듯이 보인다. 과연 프로토스는 놀라운 종족임에 틀림이 없다.

놔! 이런 식물 녀석아

흐흐흐

식물인가 동물인가?

성큰 콜로니와 스포어 콜로니

저그의 중요한 방어 건물(스타크래프트에서는 움직이는 유닛이 아니면 모두 건물이라고 말한다)인 스포어 콜로니(Spore colony)와 성큰 콜로니(Sunken colony)는 살아있는 생체 건물이다. 사실 저그는 모두 살아 있는 유기체로 되어 있어 완전히 파괴시키지 않으면 유닛이건 건물이건 원래대로 재생되는 놀라운 능력을 가지고 있다. 저그의 건물이 지어지기 위해서는 하부 구조인 크립(Creep)이 건설되어 있어야 하는데, 크립은 마치 식물의 뿌리와 같은 역할을 하는 듯 보인다. 저그의 건물은 크립이 있는 곳에만 건설할 수 있는데, 해처리는 유일하게 크립이 없어도 건설되는 건물이다. 저그는 해처리를 중심으로 거대한 초유기체(super organism)를 이루고 있다.

● **크립의 정체**

해처리나 크립 콜로니를 건설하면 그 일대는 순식간에 크립으로 덮혀 저그의 서식지가 되어 버린다. 마치 대지 위를 물들이듯이 퍼져 나가는 저그의 크립은 상대 종족의 등골을 오싹하게 만든다. 크립은 저그의 생활터전이자 그들의 힘의 상징이다.

크립은 마치 벌집을 연상시키는 구조물이기는 하지

크립이 있는 곳에 저그가 있다.

스포어 콜로니

만, 식물의 뿌리와 같은 역할을 한다고 보는 것이 더 타당할 것이다. 식물이 뿌리를 통해 양분을 흡수하는 것과 같이 저그의 건물들은 크립을 통해 양분을 공급 받아야 하기 때문에 크립이 있는 곳에만 건물을 건설할 수 있다. 해처리는 다른 건물들과 달리 자체적으로 양분을 흡수할 수 있는 능력을 가지고 있기 때문에 크립이 없는 곳에서 건설이 가능하다.

크립은 낮게 깔려서 잎과 비슷한 모양을 하고 퍼져 나가는 것이 **선태식물**과 많이 닮았다. 이끼류를 선태식물이라고 하며, 서로 밀집하여 군체를 이루는 경우가 많다. 선태류는 곤충의 외피와 같이 큐티클층이 있으며, 관다발이 없어 낮게 깔려 생활한다. 선태식물이 눈에 잘 띄지 않는다고 해서 그들을 우습게보면 곤란하다. 그들은 바퀴벌레와 같이 기나긴 역사를 자랑하며 1만 6천 종이 넘는 성공한 생물이다. 선태식물은 **포자**로 번식하는데, 스포어 콜로니의 '스포어(spore)'는 바로 포자를 말한다.

자식을 무기로 사용하는 매정한 어머니?

● **식물의 특징**

선태식물인 우산이끼

식물과 동물의 가장 큰 차이가 무엇이냐고 묻는다면 동물은 움직이고, 식물은 움직이지 못하는 것을 꼽을 것이다. 물론 맞는 말이다. 식물은 운동 기관이 없고, 동물은 운동 기관이 있기 때문이다. 이외에도 식물은 광합성을 통해 양분을 스스로 합성해내는 **독립 영양 생물**이지만, 동물의 경우에는 식물을 먹거나 다른 동물을 먹어야 하는 **종속 영양 생물**이라는 점을 들 수 있을 것이다. 또한 세포의 구조를 보면 식물은 세포벽이 있어 딱딱하기 때문에 오랜시간 동안 서 있을 수 있다. 동물은 세포벽이 없어 식물에 비하면 부드럽다. 식물이 일단 뿌리를 내리면 평생 그곳에서 살아야 하듯이 저그의 모든 건물들은 이동할 수 없으며, 성큰 콜로니나 스포어 콜로니도 마찬가지이다. 식물이 뿌리를 통해 양분을 흡수하는 것과 성큰이 크립을 통해 양분을 흡수하는 것도 비슷하다. 따라서 저그의 건물들은 식물과 비슷하다고 생각된다.

식물은 운동기관이 없다.

● 성큰 콜로니와 스포어 콜로니

성큰 콜로니와 가장 비슷한 동물을 찾으라면 **자포 동물**을 꼽을 수 있을 것이다. 자포 동물은 **자세포(thread cell)**에서 만들어진 자포를 통해 먹이나 적을 공격한다. 자포는 우리 몸의 뼈를 만드는 성분인 콜라겐으로 만들어지며 자사라는 끈 모양의 구조 끝에 달려있다. 평소에는 자사가 움츠려 있다가 적이나 먹이가 접근하면 갑자기 자사가 펴지면서 자포를 발사하여 적의 몸을 뚫고 들어간다. 자포가 적의 몸을 뚫고 들어가면 자포독이 분비되어 적을 마비시키거나 고통을 준다. 해파리와 같은 종류는 부유 생활을 하지만, 히드라

성큰 콜로니

와 같이 고착 생활을 하는 종류의 경우에는, 성큰 콜로니의 원조라고 불리어도 손색이 없을 듯 하다. 하지만 이들이 성큰 콜로니의 모델이 되기에는 몇 가지 문제점이 있다. 자포 동물은 자포를 사용하기 위해 모두 물 속에 살고 있으며, 대부분 바다에 산다.

스포어 콜로니의 경우 오버로드

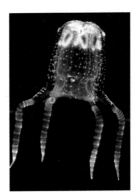

자포동물인 해파리. 아름다운 모습과 달리 일부 해파리의 독은 치명적일 수 있다.

 자포동물

좁은 의미로는 강장동물이라고 할 수도 있다. 자포 동물은 방사 대칭형 동물로 고착형이나 부유형 생활을 한다. 좌우 대칭형 동물은 앞·뒤의 구분이 있기 때문에 활동성이 있지만, 방사 대칭형의 경우 운동성이 떨어지기 때문에 한자리에 눌러 앉아 사는 고착 생활을 하거나 물에 몸을 맡기고 떠다니는 부유 생활을 하게 된다.

와 같은 디텍팅 기능을 가지는데, 이러한 임무를 수행하기 위해서는 감각 기관을 가지고 있어야 한다. 하지만 자포 동물은 기관의 발달이 미약하고 세포의 모임인 **조직(tissue)**이 각각의 기능을 수행한다. 따라서 감각 기관이 발달할 수 없기 때문에 스포어 콜로니의 디텍팅 기능을 수행하기 어려워진다는 문제점이 있다.

스포어 콜로니와 성큰 콜로니도 저그의 다른 건물과 마찬가지로 움직일 수 없기 때문에 마치 식물과 같은 느낌을 준다. 하지만 식물이 이들의 모형이 되기에는 너무 움직임이 적다. 물론 많은 식물들이 곤충의 공격을 받으면 곤충의 소화를 방해하는 물질이나 싫어하는 물질이나 동료에게 경고를 하는 화학 물질을 분비하는 등의 소극적인 방어를 하기도 한다.

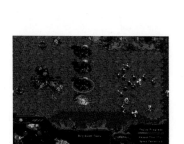

성큰 콜로니와 마린이 전투를 벌이고 있다.

그렇다면 스포어 콜로니와 성큰 콜로니는 식물과 거리가 멀까? 꼭 그렇지는 않다. 성큰 콜로니와는 많은 차이가 있지만 이들과 비슷해 보이는 식물들도 있기 때문이다. 실새삼과 같이 다른 식물을 친친 감고 빨판을 줄기에 꽂아 수액을 빨아 먹는 **기생식물**이나 곤충을 잡아먹는 **식충식물**이 바로 그것이다. 특히 식충식물의 경우 적극적인 공격을 통하여 자신의 생활을 영위한다는 면에서 이들과 비슷하다고 할 수 있다. 곤충과 초식동물들에게 수없이 많은 공격을 당하는 식물계에서 유일하게 곤충을 공격하여(공격한다고 하여 곤충을 잡으러 다닌다는 뜻은 아니다) 잡아먹는 것이 식충식물이기 때문이다. 하지만 식충식물은 곤충의 끊임없는 공격에 방어를 하기 위해 생겨난 식물이 아니다. 식충식물은 나름대로 생존을 하기 위한 어쩔 수 없는 선택을 한 것이다. 식충식물이 사는 곳은 다른 식물들이 별로 선호하지 않는 늪지가 많다. 이것은 식충식물이 다른 식물과의 경쟁에서

실새삼. 실모양의 가는 덩굴이 실새삼이며, 콩밭에 피해를 준다.

식충식물인 끈끈이주걱

밀려났기 때문이다. 여기서 경쟁이라는 것은 햇빛을 조금이라도 더 많이 받기 위한 경쟁을 말한다. 평화롭게만 보이는 식물들의 세계에서도 빛을 조금이라도 더 받기 위한 경쟁이 치열하다. 평화롭게 보이는 숲 속은 말 그대로 소리 없는 아우성이라 할 만한 곳이다. 경쟁에서 지게 되면 그 곳에서 살아가기 매우 힘들어진다. 식물들이 빛에 대해 이렇게 애착을 가지는 이유는 간단하다. 그들이 먹고 살아갈 양분을 합성하는 데 꼭 필요한 것이 바로 빛이기 때문이다. 간혹 식물

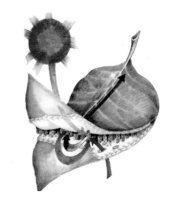

이 물과 비료를 먹고 산다고 생각하는 사람이·있는데 그것은 틀린 생각이다. 식물은 물과 땅 속의 비료(무기물)만을 먹고 사는 것이 아니라, 물과 이산화탄소를 재료로 빛 에너지를 사용하여 자신에게 필요한 양분을 합성해 낸다. 이것을 **광합성**이라고 하고, 녹색식물은 광합성의 과정을 통해 포도당을 합성하여 살아간다. 스스로 설 수 없는 덩굴

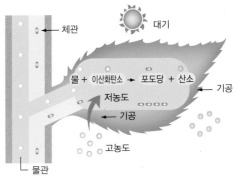

녹색식물은 광합성을 통해 양분을 얻는다.

식물마저도 무엇이라도 잡고 올라가 남들보다 조금이라도 더 높이 올라가려고 한다.

식물들이 무성한 곳에는 빈틈이 없다. 조금이라도 빈틈이 생기면 가지를 뻗는 녀석이 생기기 때문이다. 이러한 상황에서 체격 조건이 열악한 양지식물인 식충식물들이 다른 식물들과 경쟁해서 이기기는 힘들다. 그래서 그들은 다른 식물들과의 경쟁이 적은 늪지를 택한 것이다. 동물들뿐만 아니라 식물들도 강한 녀석들이 좋은 자리를 차지하는 것이다. 언뜻 생각하면 늪지는 물이 풍부해서 좋을 것 같지만, 무기 양분이 부족하고 뿌리가 숨쉬기 어려워 식물의 생존이 적합한 곳이 아니다. 낙엽이 지거나 동식물들이 죽게 되면

미생물에 의한 유기물의 분해가 일어나 식물에게 무기 양분을 공급하게 된다. 하지만 늪지는 산소가 부족해 유기물의 분해가 잘 일어나지 않는다. 이러한 상황에서 특히 문제가 되는 것은 질소가 부족하다는 것이다. 질소는 단백질을 구성하는 데 없어서는 안 될 중요한 원소이다. 식충식물은 뿌리를 통해 충분한 질소를 얻지 못하자 곤충을 잡아 소화시킴으로써 직접 질소를 얻는 방법을 택하게 된 것이다. 물론 식충식물이 성큰 콜로니와 같이 촉수로 공격하는 방법으로 곤충을 잡지는 않는다. 파리지옥과 같이 덫을 놓거나, 끈끈이주걱과 같이 접착성이 있는 끈끈이를 사용하는 방법 등을 사용한다. 마치 인스네어를 사용하는 것 같이.

● 형질전환 생물

성큰 콜로니와 스포어 콜로니는 자포 동물이나 식충식물과 많이 닮아있기는 하지만, 그들과 같지는 않다. 즉, 성큰 콜로니의 활동적인 촉수는 자포 동물에서 볼 수 있는 특징이지만, 땅에 뿌리를 박고 땅으로부터 양분을 얻는 것은 식물의 특징이다. 그래서 성큰 콜로니는 식물이지만 동물의 특징을 지닌 **형질전환**(trans genic) **생물**로 보는 것

저그는 형질전환 생물일까?

이 타당할 것이다.

영화 〈배트맨과 로빈〉에서 아이슬리 박사(우마 서먼)는 식물을 너무 사랑하는 마음에 난초와 방울뱀을 교배하려고 한다. 물론 이러한 시도를 하는 멍청한 과학자는 없다. 난초와 방울뱀은 생식 기관이 다르기 때문에 교배가 불가능하기 때문이다. 하지만 식물이나 동물의 유전자의 일부는 교환될 수 있는데, 이렇게 다른 종의 유전자가 삽입된 생물을 형질전환 생물이라고 한다. 영화 〈마이너리티 리포트〉에서 앤더톤은 담장을 넘다가 담쟁이의 공격을 받는데, 현재로서는 식물에게 이러한 촉수를 가지게 하는 것은 어려울 것으로 보인다. 물론 우리는 **유전자 재조**

〈배트맨과 로빈〉 아이슬리 박사가 식물의 멸종을 막기 위해 난초와 방울뱀을 교배하려 하고 있다.

〈마이너리티 리포트〉 담쟁이가 문어 다리와 같이 활발한 움직임을 보이며 사람을 공격하고 있다.

합 기술을 통하여 새로운 형질을 가진 생물을 만들 수 있다. 그렇다고 하여도 식물에게 동물의 기관을 새롭게 만들어 주는 일은 아직까지 어려운 일이다.

한때 형질전환 생물이 인류의 행복한 미래의 한 부분으로 제시된 때가 있었다. 소만큼 덩치가 큰 돼지, 코끼리만한 소를 만들어낼 수 있으며, 감자와 토마토가 함께 열리고, 무와 배추가 함께 열리는 식물이 인류의 식량 문제를 해결한다. 인간의 장기를 가진 돼지가 장기가 손상된 인간에게 장기를 제공하며, 백신을 함유한 각종 곡물이 우리를 더욱더 건강하게 한다. 역병에 쉽게 걸리지 않는 고추와 살충제 성분을 가진 배추와

같이 병충해에 강한 작물로 농사를 지어 농약 사용을 줄인다는 등 수없이 많은 푸른 꿈을 제시한 것이 바로 유전자 재조합 기술이었다.

하지만 지금은 이 꿈의 기술을 그대로 받아들이는 사람은 그리 많지 않다. 이러한 꿈에 제동이 걸린 대표적인 사건 중의 하나가, 바로 1989년 미국에서 발생한 **트립토판** 사건이다. 트립토판은 필수 아미노산의 하나로 이를 얻기 위해 미생물에 트립토판 유전자를 삽입한 후, 미생물을 증식시켜 대량의 트립토판을 얻었다. 하지만 이 식품을 먹고 36명이 사망하고 1만 명의 환자가 발생했다. 이 사건을 계기로 환경 단체와 매스컴은 유전자 변형 식품에 대해 대대적인 공격을 가했다. 후에 이 사고의 원인이 유전자 조작에 의한 것이 아닐 수도 있다는 증거가 나왔지만, 이미 사람들이 유전자 변형 식품을 마치 '프랑켄슈타인 식품'과 같이 취급하기 시작한 후였다.

사실 프랑켄슈타인은 괴물이 아니라 그를 만들어낸 과학자의 이름이지만, 사람들은 과학 기술이 만들어낸 괴물에 이 이름을 붙이기를 좋아하는 것 같다. 이러한 이름이 붙은 것에서 알 수 있듯이 **메리 쉘리**(Mary Wollstonecraft Shelley)의 **프랑켄슈타인**(Frankenstein)은 과학 기술의 부정적인 측면을 언급할 때 가장 자주 등장하는 이름이 되었다. 유전자 조작에 의한 유토피아의 건설에 대한 날카로운 비판을 가하고 있는 유명한 작품인 **올더스 헉슬리**(Aldous Leonard Huxley)의 「**멋진 신세계**(Brave New World)」 또한 같은 맥락의 소설이다.

영화 〈가타카〉 또한 유전자에 의해 통제되고 있는 미래 사회의 모습을 그리고 있다. 영화 〈엑스맨〉에서는 유전자 변

메리 쉘리

이에 의해 초능력을 가진 사람들과 보통 사람들 사이의 차이가 극명하게 드러난다. 영화 〈가타카〉에서와 같이 유전자 조작으로 인해 이 기술의 혜택을 누릴 수 있는 사람들과 그렇지 못한 사람들 사이에 커다란 틈이 생기게 되면 두 계급의 사회가 출현하게 될 미래를 걱정하는 사람도 있다. 「프랑켄슈타인」과 「멋진 신세계」가 출판될 당시에는 아직 먼 미래의 모습이었던 유전자 재조합 기술이 이젠 우리 손에 쥐어져 있다. 이 기술을 어떻게 사용할지는 사회적으로 많은 논의가 필요하다.

올더스 헉슬리(1894~1963)

다윈의 집안처럼 헉슬리 집안도 유명한 사람이 많다. '다윈의 불독'으로 유명한 동물학자 T.H.헉슬리는 그의 조부이며, 그의 형 J.H.헉슬리도 생물학자이다.

올더스 헉슬리

〈가타카〉 토성 우주프로젝트를 추진하는 회사인 가타카(GATTACA)는 DNA 염기서열인 아데닌(A), 구아닌(G), 시토신(C), 티민(T)을 나타낸다. 이 회사에서는 유전자로 그 사람의 능력을 판별하는 섬뜩한 미래의 모습을 보여준다.

유전자 재조합 식품, 과연 먹어도 될까?

비타민이 강화된 이 쌀은 노란 빛을 띠고 있어 '황금의 쌀'이라 불린다.

많은 사람들이 유전자 재조합(GM) 농산물 먹기를 꺼린다. 우리의 이와 같은 무조건적인 거부감이 과연 옳은 태도일까? 1992년 브라질산 땅콩의 유전자를 주입한 유전자 재조합 콩이 알레르기를 일으킨다는 사실은 환경론자들이 흔히 거론하는 중요한 사건이다. 이 사건은 미국의 파이어니어하이브레드(Pioneer Hi-Bred)사가 영양가를 높이기 위해 브라질산 땅콩의 유전자를 콩에 집어넣으면서 문제가 발생했다. 원래 자연산 콩에는 알레르기 반응이 나타나지 않지만, 이 콩은 알레르기를 일으킨다는 것이다. 이와 같이 유전자 재조합 식품을 섭취하면 원래 농산물에는 없던 유전자 때문에 예상 못할 반응이 얼마든지 나올 수 있다는 것이다. 물론 옳은 지적이다. 하지만 이 경우에는 유전자를 조작했기 때문에 나타난 현상이 아니라 원래 브라질산 땅콩에 알레르기를 일으키는 사람들이 이 콩에도 반응을 보인 것일 뿐이다. 따라서 이 콩이 모든 사람에게 알레르기를 일으키는 것은 아니다. 이 콩에 의한 알레르기로 목숨을 잃게 될지도 모르는 미국인은 기껏해야 2명 이하이다. 하지만 이 콩이 시장에 공급되었을 때 영양 결핍으로 고통 받는 수십만 명이 혜택을 볼 수 있었다.

환경론자들이 유전자 재조합 농산물을 반대하는 이유는 이밖에도 이러한 농산물이 대기업과 대농지주에게만 이득을 가져다줄 뿐 제3세계 농민들은 오히려 더욱더 그들에게 종속될 뿐이라는 것이다. 하지만 다국적기업이 아니라 스위스에서 개발한 '황금의 쌀'과 같은 경우에는 이 쌀이 비타민 A가 부족한 수백만 명의 목숨을 살릴 뿐 아니라 시력을 잃는 수십만 명의 아이들의 실명을 막아줄 수 있다. 우린 과연 이 쌀의 보급을 막아야 할까?

과학 기술에 대한 정확한 지식 없이 일반적인 상식이나 매스컴의 보도만 믿고 어떤 정책에 대한 판단을 한다는 것은 매우 위험한 생각이다. 때로 매스컴은 프랑켄슈타인 식품과 같은 매우 자극적인 용어를 사용하여 대중을 선동하기도 하기 때문이다. 또한 확인되지도 않은 사실에 대한 추측 보도를 일삼기도 한다. 유전자 재조합 농산물에 대한 올바른 평가가 이루어지지 않는다면 어려움에 처한 많은 사람들을 구할 수 있는 기회를 잃게 될지도 모른다. 새로운 기술에 대한 신중함과 사회 구성원 간의 합의가 인류의 더 나은 미래를 보장한다는 것은 두 말할 필요가 없을 것이다.

전우의 시체를
넘고 넘어~
앞으로 앞으로~

저글링과 마린은
약물 중독자?

저글링의 아드레날 글랜즈,
메타볼릭 부스트와 마린의 스팀팩

저그의 저글링은 하나의 알에서 두 마리씩 태어나는 작고 보잘것없어 보이는 유닛이다. 하지만 생김새와 달리 저그의 기본 유닛으로서 쓰임새가 많은 유닛이다. 이는 생산 시간과 단가가 낮기 때문에 짧은 시간에 대규모 부대를 편성할 수 있을 뿐 아니라, 업그레이드를 통해서 공격력(아드레날 글랜즈)과 이동 속도(메타볼릭 부스트)의 향상이 초반에 이루어지기 때문이다. 풀 업그레이드 저글링의 무서움은 당해보지 않은 유저는 모른다고 할 만큼 강력하다.

테란의 마린은 프로토스의 강력한 유닛이나 저그의 저돌적인 공격 앞에 너무나 초라하게 느껴지기도 한다. 하지만 메딕을 동반하고 스팀팩을 갖춘 마린은 초반에 경기를 끝낼 수 있을 만큼 강력한 유닛이 된다. 그렇다면 저글링의 업그레이드와 마린의 스팀팩이 어떤 역할을 하여, 그렇게 강한 유닛이 될 수 있게 하는 것일까?

● 호르몬

생물은 외부 자극에 대해 다양한 반응을 나타내며 성장해 간다. 생장을 하고, 땀을 흘리며, 혈당량을 조절하는 등의 많은 일을 쉴 새 없이 한다. 우리 신체의 놀라움은 자극에 대해 다양한 반응을 보이면서도 몸은 항상성을 유지한다는 것이다.

몸의 항상성 유지를 위해 신경계와 호르몬이 작용을 한다. **신경계**는 즉각적이고 일시적인 반면에 **호르몬**은 반응 속

호르몬

호르몬은 '자극하다', '흥분시키다'라는 뜻의 그리스어 'hormon'에서 유래한 말로 분비 기관에서 혈관을 타고 표적 기관을 자극한다.

아드레날 글렌즈

도는 느리지만 지속적인 편이다. 신경계는 뉴런을 통해 전달되는 전기화학적인 신호이며, 호르몬은 내분비선을 통해 분비가 되는 화학 물질이다. 마린과 저글링은 신경계와 호르몬의 분비를 촉진해서 강력한 유닛이 되는 것이다.

저그의 저글링은 아드레날 글랜즈(Adrenal glands) 업그레이드를 통해 한층 무서운 유닛으로 탈바꿈하게 된다. 이 업그레이드를 하게 되면 저글링은 미친 듯이 더욱더 빠르게 적을 공격할 수 있기 때문이다.

아드레날 글랜드(부신)는 신장 위에 있는 내분비기관으로 호르몬을 분비한다. 부신이 신장 위에 있는 기관이라 해서 신장과 관련이 있는 것은 아니며 단지 신장 위에 있다고 해서 붙여진 이름이다. 부신은 신장 위에 1쌍이 있으며, 피질과 수질로 구성되어 있다. **부신 피질**에서는 당질 코르티코이드, 무기질 코르티코이드와 같은 호르몬이 분비된다. **부신 수질**에서는 저글링을 더욱더 빠르게 해서 전투에서 승리를 안겨다 주는 호르몬인 아드레날린이 분비된다.

아드레날린(Adrenalin)은 일명 방어 호르몬이라 불리기도 한다. 이는 아드레날린이 긴박한 상황에서 몸에 전투 준비를 시키는 역할을 하기 때문이다. 아드레날린이 분비되면, 교감 신경을 흥분상태로 지속시킨다. 교감 신경은 심장의 박동을 빠르게 하고, 모세혈관을 수축시켜 혈압을 상승시키는 역할을 한다. 또한 **대사율(metabolic rate)**을 증가시킨다. 따라서 실제로는 스포닝 풀에서 아드레날 글랜즈 업그레이드를 통해서 메타볼릭 부스트의 기능도 덤으로 향상시킬 수 있다. 사실 대사율이 증가되지 않는

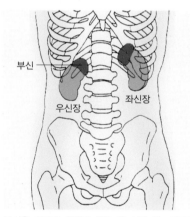
부신은 신장의 위쪽에 있을 뿐 신장과는 아무런 관계가 없다.

부신

아드레날(adrenal) 이라는 것은 '신장 위에 있는' 의 뜻이며, 글랜드(gland)는 '선(腺) 또는 샘'의 뜻으로 '분비액을 내는 기관'을 말한다. 거미가 실샘(silk gland)에서 거미줄을 자아내듯이 선(腺) gland)은 화학 물질이 분비되는 샘을 말한다.

다면 미쳐 날뛰듯이 적을 공격하는 저글링은 쉽게 에너지가 고갈되어 퍼져 버릴 것이다. 하지만 대사율을 증가시킴으로써 많은 활동을 하는 데 필요한 에너지를 신속하게 공급받는다. 일반적으로 작은 동물의 대사율이 큰 동물보다 높기 때문에 저글링에 메타볼릭 부스트 업그레이드가 필요한 것으로 생각할 수 있다.

스타크래프트에서는 부신을 통해 이 모든 것을 얻어내지만 이렇게 하기 위해 필요한 것이 또 있다. 그것은 아드레날린을 분비하라고 하는 명령(신호)이다. 이 명령은 대뇌에서 외부의 환경을 감지하여 스트레스를 받으면 교감 신경에 내려진다. 교감 신경에서는 부신에 아드레날린을 분비하라는 신호를 보내고, 아드레날린은 교감 신경의 흥분을 지속시켜 몸에 전투 준비를 시킨다.

호르몬과 관련이 있는 것은 아드레날린 밖에 없는 듯이 보이지만, 사실은 저그의 변태도 호르몬과 밀접한 관련이 있다. 즉, 개구리나 곤충의 변태도 모두 호르몬의 분비에 의한 것이기 때문에, 히드라가 럴커로 변태하는 것도 호르몬의 영향이라고 생각할 수 있다. 심지어 식물에도 식물 호르몬이 있어 개화나 생장을 조절한다(물론 식물은 내분비기관이 없기 때문에 내분비선을 통해 분비되지는 않는다).

● **마린은 약물 중독자?**

테란의 스팀팩은 강력한 합성 아드레날린과 **엔도르핀(endorphin)**을 신경증폭 물질과 함께 혼합한 야전용 주사 약물이라고 한다. 엔도르핀은 체내에서 합성되는 **모르핀(morphine)**이라는 뜻으로 모르핀보다 진통효과가 10배나 뛰어나다. 모르핀은 아편 속에 포함되어 있으며, 진통 및 최

교감신경

자율 신경에는 교감 신경과 부교감 신경이 있다. 자율 신경은 상황에 따라 교감 신경과 부교감 신경을 작용시킨다. 위급한 상황에서는 교감 신경이 작용한다.

면 효과가 있지만 중독성이 있고 부작용이 있는 물질이다.

아드레날린 저글링의 전투력이 상승하듯이 스팀팩을 사용한 마린이나 파이어 뱃은 공격력이 엄청나게 상승한다. 따라서 스팀팩을 사용한 마린이나 파이어 뱃은 체력이 떨어지지 않는다면 무적의 용사가 될 수 있다. 이렇게 스팀팩 사용에 제한요인을 두는 것은 종족 간의 균형을 맞춘다는 의미도 있겠지만 약물 오남용이 부작용을 일으키기 때문이다. 아드레날린이 지속적으로 분비되는 상태(스트레스가 지속되는 상태)가 되면 몸에 여러 가지 무리가 오게 된다. 심리적인 불안감, 두통 등의 부작용이 바로 그것이다.

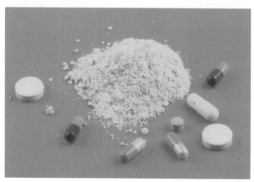
암페타민

전쟁에서 스팀팩과 같이 약물을 사용해 전투력을 향상시키고자 했다는 증거는 많이 있다. 제2차 세계대전 당시 독일에서는 병사들의 전투력 향상을 위해 **흥분제**인 암페타민을 사용했다. **암페타민**은 병사들의 잠을 쫓고, 고통을 참고 전투를 하는 데 효과가 있었다. 전쟁 중 일본에서도 후방의 생산성 향상과 병사들의 전투력 증진을 위해 이 약물을 사용했다고 한다. 2002년 아프가니스탄 전에서는 암페타민을 복용한 미군 조종사 2명이 아프간 내 캐나다 기지를 오폭한 적도 있었다. **모다피닐(Modafini) 또는 프로비질(Provigil)**이라는 약은 과도한 수면과 수면발작 치료제로 개발되었다. 하지만 이 약을 복용하면 88시간 동안 잠을 자지 않을 수 있다는 것이 알려지면서 이라크 전에서도 병사들에게 사용된 것으로 알려졌다. 관계자들은 이 약이 암페타민과 비슷한 효능을 보이지만, 암페타민과 달리 아직까지 알려진 부작용이 없다고 주장한다. 이 때문에 영국 국방부는 1998년 이후 2만 4000정(9억

원어치)의 모다피닐을 구매했다.

　아나볼릭 스테로이드는 근육을 강화시켜 주는 효과가 있어, 튼튼한 근육을 키우고자 하는 많은 사람들이 복용하고 있다. 아나볼릭 스테로이드의 경우 올림픽에서 동독 여자 선수들이 복용 후 여러 가지 부작용을 나타낸 것에서 알 수 있듯이 부작용이 있다. 올림픽 경기 전에 도핑테스트를 통해 약물 복용여부를 확인하는 것은 그것이 올림픽 정신에도 위배되지만, 선수보호 차원에서 약물 복용을 금지시키는 것이다.

약물 부작용

　마린이나 파이어 뱃은 신경조작을 통해 조직을 위해서라면 목숨을 초개와 같이 버릴 수 있는 사람들이다. 이들에게 이러한 조작이 가능한 것은 그들이 죄수 출신이기 때문이다. 하지만 아무리 죄수 출신이라 하여도 병사들의 보호는 승리를 위해 필수적이다. 인권을 강조하고 있지만 아직까지 한번도 인간적인 전쟁이라는 것은 없었다. 이라크의 해방을 외치며 일으킨 전쟁에서도 포로들의 인권이 유린당한 많은 사례에서 알 수 있듯이 승리를 위해서는 무엇이든 할 수 있는 그러한 잔인함이 바로 전쟁의 속성인 것이다.

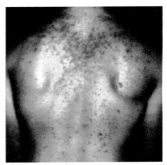

아나볼릭 스테로이드의 부작용으로 등에 여드름이 심하게 났다.

슈퍼 솔저 마린

〈턱시도〉 턱시도를 입은 주인공을 다른 사람들이 보지 못하고 지나친다.

영화〈턱시도〉에서는 개인의 전투능력을 획기적으로 향상시킬 수 있는 턱시도가 등장한다. 이 옷을 입게 되면 옷과 신경이 연결되어 민첩한 동작이 가능하고, 옷의 색깔이 주변 색깔과 동일하게 바뀌어 은폐가 가능하다. 영화〈에이리언 대 프레데터〉에서 외계인은 무기와 함께 투명하게 될 수 있는 전투복을 입고 있었다. 이와같이 영화

〈에이리언 대 프레데터〉 프레데터는 각종 무기가 장착된 투명 전투복을 입고 다닌다.

속에서 가능했던 슈퍼 솔저가 조만간 등장할 수 있을 것으로 보인다. 즉, 미래에는 개인 휴대용 컴퓨터를 통해 전장의 상황을 실시간으로 전달받고 상황에 즉시 대처할 수 있는 보병이 등장한다.

테란의 고스트나 마린과 같은 바이오닉 병력들은 특수한 군복을 착용하고 있을 것이다. 게임의 진행상 여러 가지 공격에 취약한 것이 사실이지만, 미래 전쟁에서는 개개의 보병이 모두 슈퍼 솔저가 될 날도 멀지 않았다. 그들은 기본적인 방어가 가능한 군복을 지급받는다. 군복의 섬유는 명령에 따라 색과 모양을 바꿀 수 있기 때문에 어디서나 은폐가 용이하다. 또한 외골격의 근육과 같은 역할을 하여 이동 속도를 대폭 향상시키게 된다.

니 마음대로 진화하니?

저그의 스포닝 풀과 에볼루션 챔버

저 그는 스포닝 풀(Spawning Pool)을 건설한 후 에볼루션 챔버(Evolution Chamber)를 건설하게 된다. 저글링과 같은 기본 유닛을 생산하기 위해 스포닝 풀은 필수이다. 에볼루션 챔버는 더욱더 향상된 유닛을 생산하기 위해 필요하다.

저그 유닛들의 놀라운 전투력은 바로 진화를 조절할 수 있는 능력에 있다고 한다. 저그는 에볼루션 챔버, 즉 진화 실험실을 통해 진화를 연구하여 이용했다. 진화가 과연 무엇이기에 진화를 인위적으로 조절하면 이렇게 강력한 유닛을 만들어낼 수 있다는 말일까?

● 진화

현대 생물학의 중요한 축은 진화론이다. 만약 생물이 진화하지 않는다면 생물학의 많은 부분의 수정이 불가피 할 정도이다. 이와 같이 친숙하게 느껴지는 진화라는 말은 마구 사용되고 있기 때문에 진화에 대해 오해를 하고 있는 경우가 적지 않다. 만화 〈포켓 몬스터〉는 '주머니 속의 괴물'이라는 뜻으로, 조그만 캐릭터들이 진화를 거듭하여 막강한 힘을 가지게 된다는 기본 설정을 가지고 있다. 이 만화를 본

 포켓몬스터

〈포켓 몬스터〉는 1995년 일본에서 게임으로 출발하여 만화와 캐릭터 상품으로 선풍적인 인기를 끌었다. 150가지나 되는 다양한 캐릭터와 일본 만화 특유의 섬광효과(사실 섬광효과는 제작비 절감을 위한 것이었지만 상당히 화려한 맛을 낸다) 등으로 인하여 일본뿐 아니라 전 세계의 어린이들을 사로잡았다.

아이들은 '진화 = 진보'라는 개념을 가지기에 충분하다. 진화는 진보의 개념을 가지고 있지만, 그렇다고 진보가 곧 진화는 아니다. 아이들뿐만 아니라 일반인들도 흔히 진화를 진보와 동일한 개념으로 생각하는 경우가 많다.

스타크래프트에서 히드라리스크가 럴크로, 뮤탈리스크가 가디언으로 진화했다고 말하는 경우가 있는데 이것도 잘못된 표현이다. 물론 게임 매뉴얼에는 진화라고 설명하지 않는다. 그들은 변태한 것이지 진화한 것이 아니기 때문이다. 물론 무조건 히드라리스크보다 럴크가 더 강력한 유닛이라고 보기는 어렵지만 게임 상에서는 진보된 유닛임이 분명하다.

영화〈워터 월드〉의 배경은 육지가 바다에 잠겨 버리고 난 후의 세계이다. 여기서 물 속에 그 누구보다 오래 잠수할 수 있는 주인공은 귀 뒤에 아가미가 있다. 그렇다면 육지가 대부분 물 속에 잠긴 상황에서 아가미는 필요해서 생긴 것일까?

나도 예전엔 너처럼 약 했지만 많은 전투를 겪고 강해졌지!

라마르크의 용불용설에 의하면 사용한 기관은 더 발달하게 된다.

라마르크

울트라리스크는 서식지의 가혹한 환경을 이겨내기 위해 능력을 키워 온 것으로 묘사된다. 울트라리스크 동굴은 방사성 물질과 유독물이 가득한 곳이다. 즉, 이러한 환경을 이겨내기 위해서 어쩔 수 없이 강해졌다는 설정이다. 이와 같이 어떠한 목적을 가지고 생물들이 진화한다는 표현은 흔히 볼 수 있다. 많은 사람들은 "치타는 음식을 포획하기 위해 빨리 달려야 하며, 동굴에 사는 동물이 눈을 사용하지 않아 퇴화하였다는 것이나, 나무에 오르기 적당하게 발톱이 진화되었다"는 식의 설명에 익숙해져 있다. 이러한 식의 표현은 획득형질이 유전된다는 **라마르크설**에 의한 설명 방식이다.

라마르크(Jean Baptiste Pierre Antoine de Monet Chevalier de Lamarck, 이름이 이렇게 길기 때문에 과학책들마다 내키는 대로 그의 이름을 멋대로 잘라서 적고 있다)는 높은 곳에 있는 나뭇잎을 따 먹기 위해서 기린의 목이 길어졌다고 설명한다. 즉, 진화는 환경에 의해 필요에 따라 사용하는 기관은 발달하고 그렇지 않은 기관은 퇴화한다는 용불용설을 주장했다. 라마르크의 이러한 주장은 널리 받아들여 지지 않고 동료 과학자들로부터도 외면을 당했다. 하지만 그의 이론은 그 당시까지 상식으로 통했던 성서적인 종 불변 개념에 대한 최초의 공식적인 반론이었다는 데 의의가 있다.

라마르크의 이러한 생각은 동시대의 여러 사람들에게 영향을 미쳤다. 그러한 사람 중에는 찰스 다윈의 조부인 **에라스무스 다윈(Erasmus Darwin)**도 있었다. 에라스무스 다윈은 **뷔퐁(Comte de Buffon)**의 사상(라마르크보다 먼저 진화에 대한 생각을 가지고 있었다)을 믿고 있었다. 이러한 다윈 집안의 분위기는 후일 손자 **찰스 다윈(Charles Robert Darwin)**이 진화론을 확립하는 데 많은 영향을 주었다.

라마르크 (1744~1829)

프랑스의 박물학자, 생물학자이며, 진화론의 창시자이다. 뷔퐁의 추천으로 출간한「프랑스 식물지」라는 책으로 유명해졌으나 그의 진화론은 끝내 사람들에게 인정을 받지 못하고, 가난과 실명 등으로 불행한 말년을 보냈다. '용불용설'이라는 잘못된 진화론을 주장한 사람 정도로 여기는 경우가 많지만, 척추동물과 무척추동물을 처음으로 구분한 것을 비롯하여 고생물학을 창시한 것도 그이다.

다윈은 진화에 목적성이 있다면 다양한 생물이 등장할 수 없다고 생각했다.

뷔퐁 (1707~1788)

프랑스의 박물학자로「박물지」라는 책이 유명하다. 라마르크보다 먼저 진화에 대한 사상을 가지고 있었지만 그것을 공식적으로 발표하지는 않았는데, 당시 시대 분위기에서 이러한 혁명적인 사상을 발표하기가 쉽지 않았기 때문이다.

〈찰스 다윈〉 그의 캐리커처에서 당시 사람들이 그의 진화론을 얼마나 충격적으로 받아들였는지 짐작할 수 있다.

찰스 다윈의 진화론은 어떠한 계획에 의해 진화가 일어나는 듯이 보였지만, 라마르크의 진화론과는 달리 어떠한 목적성이 없었다. 즉, 라마르크는 기린이 목이 길어지기 위한 목적을 가지고 있다고 생각했지만, 다윈은 이러한 목적성이 생물의 다양성을 설명하는 데는 적합하지 않다고 생각했다. 생물들이 원하는 능력만을 집중적으로 키울 경우 지금과 같이 다양한 생물들이 나타날 수 없다는 것이다. 다윈은 사람들이 가축을 인위적으로 선택하여 키움으로써 자연종과는 많이 달라진 것을 알았다. 수천 년 만에 사람이 이러한 일을 할 수 있었다면 더 오랜 세월 동안 자연은 더욱더 많은 일을 할 수 있었을 것이라는 결론에 도달한 것이다. 이것이 그 유명한 다윈의 **자연선택(natural selection)**이다.

1. 큰 땅 핀치   3. 작은 나무 핀치
2. 중간 땅 핀치   4. 휘파람 핀치

갈라파고스 핀치. 다윈이 진화론을 체계화시키는 데 중요한 역할을 했으며, 다윈의 핀치라고도 불린다.

스타크래프트에서 재미있는 것은 라마르크의 견해와 다윈의 견해를 모두 수용하고 있다는 것이다. 울트라리스크 동굴과 같이 좋지 못한 환경에서 살아 남기 위해 강해졌다는 것은 라마르크의 생각에 가깝다. 하지만 에볼루션 챔버는 인공적으로 진화를 선택한다는 것인데, 이것은 품종 개량을 할 때 사용하는 방법인 인위선택에 해당한다. 인위선택은 바로 다윈이 자연선택의 아이디어를 떠올릴 수 있었던 바로 그것이었다. 저그의 경우 진화를 중단하면 그 길로 파멸의 길을 걸을 것을 알기 때문에 계속적으로 진화하려 노력한다고 한다. 하지만 진화는 어떠한 노력의 결과물이 아니다. 스타크래프트에서 진화에 어떠한 목적성을 두고 있다는 측면에서 과학적인 진화의 개념과는 차이가 있다. 하지만 진화가 중단되면 파멸할 것이라는 생각은 루이스 캐럴의 소설 「이상한 나라의 앨리스」에서 붉은 여왕의 나라를 생각나게 한다. 이 나라는 주변의 모든 환경이 움직이고 있기 때문에 자신도 같이 달리지 않으면 뒤쳐지게 된다. 생물들도 다른 모든 생물들이 끊임없이 변화하고 있기 때문에 변화하지 않으면 상대적으로 도태된다는 것이다.

붉은 여왕 가설

생물학자 리 반 발렌(Leigh van valen)의 주장에 의하면 어떤 특정 종만 진화하는 것이 아니라 모든 생물이 경쟁적으로 진화를 한다. 따라서 아무리 진화를 해도 다른 종보다 생존에 유리함을 얻을 수는 없다. 생물에게 성이 등장한 것도 기생충과의 경쟁에 뒤쳐지지 않기 위해서라고 한다.

여기서 잠깐!

저글링은 일란성 쌍둥이

저그의 해처리에서 생산되는 두 마리의 저글링들은 모두 동일하게 보여 진다. 같은 알에서 같은 유전자를 가지고 있으니 당연하지 않느냐고 생각할지 모르겠다. 하지만 일란성 쌍둥이라고 하여도 자라면서 서로 모습이나 능력은 조금씩 달라진다. 즉, 유전자가 같다고 같은 개체로 자라지는 않는다. 따라서 매번 태어나는 두 마리의 저글링이 항상 똑같아야 하는 것은 아니다. 이는 아인슈타인이나 히틀러의 유전자를 가지고 그들을 아무리 복제하여도 아인슈타인이나 히틀러와 같은 똑같은 인물을 얻을 수 없다는 것이다. 우리는 유전자 만능의 세계에 살고 있지만, 사실 유전자가 만능은 아니다.

누구세요?

저그의 변태

히 드라리스크는 럴커로 변태하면서 공중공격력은 잃어버리지만 땅 속에서 많은 적을 공격할 수 있는 능력을 가진다. 대공 대지 공격이 모두 가능한 뮤탈리스크는 대지 공격용의 가디언 이나 대공 공격용의 디바우러로 변태하면서 오로지 한쪽만 공격할 수 있게 된다. 공중이나 지상의 한쪽만 공격할 수 있는 대신 더욱더 강력한 공격을 할 수 있는 능력을 가지게 된다. 올챙이는 개구 리가 되면서 비로소 물 밖에서도 생활할 수 있는 능력을 가지듯이 저그는 변태를 통해 한층 더 강 한 유닛이 된다. 그렇다면 변태는 어떤 것이며, 어떠한 과정을 거쳐서 일어나는 것일까?

● 변태

저그의 가장 큰 특징 중의 하나는 **변태**(metamorphosis) 를 한다는 것이다. 이것은 곤충형 생명체인 저그의 당연한 특징일 수도 있다. 'morph'는 '형태의 변형'을 뜻하며, 컴퓨 터 그래픽을 조금 아는 사람이면 들어봤을 모핑(morphing) 기법을 떠 올리면, morph의 뜻은 쉽게 이해가 갈 것이다. 즉, 사람이 구미호로 변하는 장면이나 〈터미네이터〉에서 액

히드라 한 마리 꼬물꼬물 기어가다 뒷다리가...

이게 진짜 변태지!

쏙

욱

헉! 변태?

체 로봇의 변신 장면은 모두 모핑 기법이다. 이제는 컴퓨터 그래픽이 영화에 중요한 한 부분으로 자리 잡았기 때문에 모핑 장면을 어렵지 않게 볼 수 있다. morph가 형태의 변형을 뜻한다면 metamorphosis는 마치 마법과 같이 모양이 완전히 변하는 것을 뜻한다. 애벌레가 번데기에서 나비가 되는 과정을 어느 정도 과학적으로 이해하고 있는 우리들에게도 여전히 그 과정은 신비롭게 보인다. 알에서 유충으로, 그리고 성충으로 변태하는 곤충의 모습은 이를 과학적으로 이해하기 전까지 사람들에게 마치 마법과 같이 보였을 것이다.

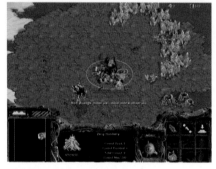

해처리는 대규모 부화장이라는 의미이다.

우리 주변에 제일 흔한 것이 곤충이기 때문에 변태를 곤충에 한정시켜 생각하는 경우가 많다. 하지만 산호, 새우 등 많은 수중 생물들도 변태를 한다. 식물들의 경우에도 잎이나 줄기, 뿌리가 원래의 목적 이외의 용도로 활용되거나, 모양이 일반적인 형태와 다를 때 변태라고 부르기도 한다. 개구리와 같은 양서류도 변태를 하는데, 개구리의 경우 유생인 올챙이를 거쳐 성체인 개구리가 된다.

변태의 과정을 보면 알에서 유충, 번데기의 과정을 거쳐 성충이 된다. 알로부터 유충이 변태하여 나오는 과정을 **부화(hatching)**라고 한다. 따라서 해처리(Hatchery)는 저그의 모든 유닛이 태어나는 대규모 부화장이라는 뜻이다.

생물들의 변태 과정은 알에서 유충의 단계를 거쳐 성충이 된다. 하지만 저그는 해처리에서 **유충(larvae)**이 태어나고 유충에서 다양한 유닛으로 변태하게 된다.

〈터미네이터2〉 T1000이 바닥에서 변신하는 장면은 모팅에 의한 것이다.

해처리가 부화장이기 때문에 알의 모습은 보이지 않고 유충이 해처리 주변을 배회하고 있는 것은 당연하다. 유충 다음의 단계는 번데기가 되어야 하지만, 스타크래프트에서는 알(egg)로 표현이 된다. 모양 자체가 알과 같이 생겼으니 그렇게 표현하는 것일 수도 있지만 정확한 것은 아니다. 저그의 알에서 다양한 유닛들이 탄생하는데, 이 유닛들은 다시 필요에 따라 알이나 번데기의 과정을 거치고 변태를 하게 된다.

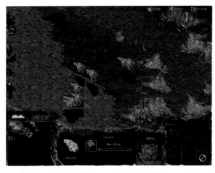

뮤탈리스크가 가디언으로 변태하기 위해 고치가 되었다.

럭커를 예로 들면 '유충-알-히드라 리스크-알-럭커'의 변태 과정을 거치게 된다. 여기서 알은 알이 아니라 **고치(cocoon)**라고 보는 것이 옳다. 뮤탈리스크가 가디언이나 디바우러로 변태할 때는 고치라는 표현을 사용한다. 또한 고치 속에는 **번데기(pupa)**가 들어 있어 장차 새롭게 성충으로 태어나게 된다. 유충이 번데기가 되는 것과 같이 변태와 탈피의 과정은 호르몬에 의해 통제가 된다. 이러한 호르몬에는 변태 호르몬이라 불리는 **엑디손(ecdysone)**이 있는데, **탈피(ecdysis)**와 관련이 있다고 해서 붙여진 이름이다. 애벌레의 가슴 아래를 묶어주면 엑디손이 뒤쪽으로 전달되지 않기 때문에 가슴 윗부분만 변태가 일어나게 된다. 만약 히드라의 가슴을 묶어버리면 절반은 히드라 절반은 럭커인 괴물(?)이 된다. 이렇게 된다면 대공 사격이 가능한 히드커(히드라+럭커)가 탄생하게 될지도 모르겠다. 여하튼 개구리의 경우 갑상선 호르몬인 티록신에 의해 변태가 일어난다. 따라서 저그 유닛의 다양한 변태의 과정들도 변태 호르

곤충과 저그의 변태과정

몬(물론 티록신이나 엑디손이라야 하는 것은 아니다)에 의해 일어날 것이다. 메타볼릭 부스트(Metabolic Boost) 업그레이드는 물질 대사를 촉진한다는 뜻도 있지만, 곤충과 같이 변태하는 생물일 경우에는 변태를 촉진한다는 뜻도 있다.

저그의 유닛들은 외골격으로 둘러싸여 있다. 따라서 성장을 위해서는 탈피의 과정을 거쳐야 한다. 탈피를 하기 위해서는 외골격을 얇고 약하게 만드는 시기가 필요하다. 그렇지 않다면 딱딱한 외골격을 벗어 버릴 수 없게 된다. 저그는 이때가 약점이 되어야 하지 않을까?

여기서 잠깐!

곤충의 변태는 무죄?

곤충이 변태를 하는 이유는 두 가지로 나누어 생각할 수 있다. 변태를 통해 생장과 생식을 분리 함으로써 효율적인 분업이 가능하다. 즉, 유생 시절에는 성충이 되기 위한 준비 기간으로 오로지 영양 섭취에만 몰두를 하고, 성충이 되고 나면 생식에만 신경을 쓴다. 이러한 사실은 하루살이의 경우 극단적으로 나타나는데, 하루살이 성충은 아예 입이 없어 번식을 하는 것 말고는 다른 것은 할 수 없도록 되어 있다. 다른 이유는 위험의 분산을 들 수 있다. 유충과 성충이 다른 곳에 다른 형태로 생활함으로써 동시에 공격당할 수 있는 위험을 피할 수 있는 것이다. 동물에는 변태를 하는 종도 있고, 아닌 종도 있지만 발생 단계를 보면 변태의 유무와 상관없이 포배 시기까지는 모두 동일하다. 곤충이라고 하여 모두 변태하는 것은 아니다. 곤충은 변태 과정에 따라 무변태, 불완전변태, 완전변태 곤충으로 구분할 수 있다. 톡톡이나 좀과 같이 날개가 없는 무시류는 유충이나 성충의 생긴 모양이 거의 같다. 이들은 탈피만 하고 변태를 하지 않는다. 매미나 메뚜기와 같이 외시류의 경우 번데기를 거치지 않지만 유충과 성충의 중간 단계에 해당하는 시기를 거치게 된다. 이러한 곤충을 불완전변태 곤충이라고 한다. 파리와 딱정벌레와 같은 내시류의 경우에는 성충과 확실히 구분되는 유충시기를 거치며 번데기를 통해 성충이 된다. 이와 같은 곤충을 완전변태 곤충이라고 한다. 변태의 형태에 따른 구분에서 보면 날개가 없는 곤충은 변태를 하지 않고, 외시류보다 날개가 좀더 발달된 구조인 내시류가 완전변태를 한다. 이러한 사실에서 무변태에서 완전변태 쪽으로 진화를 한 것으로 추정이 된다.

개천에서는 용이나지 않는다

울트라리스크 케이번과 디파일러 마운드

영화 〈스타워즈〉에는 지독하게 오염된 쓰레기장에서 저절로 생겨난 생물이 등장한다. 영화 〈고질라〉에서는 핵폭발에 의해 바다 이구아나가 거대한 괴물 고질라로 변해 뉴욕을 초토화시켜 버린다. 영화 〈프릭스〉에서는 우연히 호수에 버려진 독극물 때문에 생겨난 거대한 거미가 한 마을을 엉망으로 만들어 버린다. 이처럼 영화 속에서 환경오염에 의해 괴물이 등장한다는 소재는 더 이상 새로운 것이 아니며, 이러한 상황은 스타크래프트에서도 마찬가지이다. 오히려 저그는 이러한 환경오염을 이용하는 듯 보인다. 지독한 환경 속에서 탄생한 울트라리스크와 디파일러가 바로 그들인데, 과연 오염된 환경이 생물에게 어떠한 영향을 미칠까?

● 환경오염과 돌연변이

울트라리스크 케이번(Ultralisk Cavern)의 경우 높은 농도의 방사성 물질과 유독성 물질이 가득한 곳이다. 디파일러 마운드(Defiler Mound)도 오염된 광물질과 유독성 액체가 악취까지 풍기며 디파일러에게 독을 공급하고 있다. 이러한 곳을 제외하더라도 저그가 주는 느낌은 축축하고 어둡다. 이 때문에 저그는 환경오염에 의한 돌연변이로 발생한 엄청난 괴물종족이라는 느낌을 받는다. 그렇다면 과연 지독하게 오염된 곳에서 괴물이 탄생할 수 있을까?

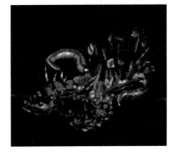

디파일러 마운드

〈프릭스〉독극물에 의해 거미들이 거대하게 변화되었다.

축하드립니다.
근데...두 분과 하나도
안 닮았네요...?

우째 이런 일이...

돌연변이가 무조건 나쁜 것은 아니다.

영화 〈X-맨1, 2〉는 지구를 지배하려는 악한 돌연변이와 이들을 막으려는 돌연변이들의 이야기를 다루고 있다. 초능력을 가진 이들 돌연변이에 대해 사람들은 공포심을 가지고 있으며, 이들은 인간과 다른 종으로 묘사되고 있다.

돌연변이라는 것은 부모 개체에게 없던 형질이 자손에게 돌발적으로 나타나 유전되는 현상으로 어떠한 가치의 개념은 없다. 즉, 돌연변이는 나쁘다거나 좋다는 의미가 포함되어 있지 않다. 하지만 우리는 돌연변이에 대해 좋지 않은 느낌을 가지고 있다. 만약 분만실 밖에서 아내의 출산을 기다리고 있는 남편에게 의사가 "축하드립니다. 아들 돌연변이입니다."라고 말한다면 미친 사람 취급을 받을 것이다. 우리가 '돌연변이 = 나쁜 것'이라고 생각하는 것은 돌연변이가 일반적으로 생물에게 해로운 방향으로 일어날 가능성이 많기 때문이다(이 이야기는 대부분의 사소한 돌연변이를 제외한 이야기이다. 대부분의 사소한 돌연변이들은 개체에게 아무런 해나 이득을 주지 않는 것이 많다. 여기서 언급하는 것은 심각한 돌연변이의 경우로 한정해서 생각하기 바란다). 해로운 방향으로 '일어난다'가 아니라 '가능성이 많다'는 이야기는 때로는 그 개체에게 유리한 돌연변이도 나타날 수 있다는 것을 의미한다. 해로운 돌연변이를 가지고 태어난 개체는 당연히 다른 개체들과의 경쟁에서 뒤질 수밖에 없다. 하지만 생존에 유리한 형질을 가지고 태어난 돌연변이의 경우 다른 개체들보다 더 많은 자손을 남기게 될 확률이 높아진다. 이렇게 유리한 형질을 가진 개체들은 개체군에서 더 많은 비율을 차지하게 되고, 마침내 그 생물체군은 진화하게 된다.

돌연변이는 유전이 안 되는 **체세포 돌연변이**와 유전이 되는 **생식세포 돌연변이**로 나눌 수 있다. 체세포 돌연변이의 경우 그 개체가 죽게 되면 그것으로 끝이 나지만, 생식세포 돌연변이의 경우 돌연변이 유전자가 자손에게 계속 전달이 되기 때문에 진화의 원인이 된다. 하지만 대부분의 경우 돌연변이는 잘 발생하지 않는다. 쉽게 돌연변이가 생긴다면 생물은 그 종을 유지하는 데 매우 어려움을 겪을 것이다. 부모와 전혀 다른 자식들이 자꾸 태어난다면 몇 세대만 지나도 새로운 종이 되어 버리기 때문이다. 그렇지만 DNA가 너무 견고하여 도저히 돌연변이가 생길 수 없다면 진화가 일어나지 않게 된다. 이와 같이 돌연변이는 종의 유지와 진화 사이에서 절묘한 균형을 맞추면서 일어나게 된다.

다윈은 그의 진화론에서 작은 변이들이 모여서 진화가 일어난다고 하였다. 하지만 네덜란드의 **드브리스(Hugo de Vries)**는 작은 변이들의 누적이 아니라 돌연히 나타난 변화 즉 돌연변이에 의해 도약적으로 진화가 일어난다고 설명을 하였다. 드브리스의 식물 돌연변이 연구에 착안한 **모건(Thomas Hunt Morgan)**은 그의 연구에 초파리를 이용하였다. 초파리를 실험실의 스타로 만든 사람은 모건이었지만, 초파리를 가장 혹사시킨 사람 또한 모건이었다. 그는 드브리스의 돌연변이를 재현하기 위해 조건을 바꾸어 가며 초파리가 죽지 않을 정도로 계속 괴롭혔다. 모건은 이러한 방법을 통하여 인공 돌연변이를 일으키는 데는 실패하였지만, 초파리의 돌연변이 연구를 통해 현대 유전학의 새로운

드브리스 (1848~1935)

네덜란드의 유전학자로 독일의 코렌스와 오스트리아의 체마르크와 함께 멘델의 유전법칙을 재발견(1900) 하였다. 세 사람 중 드브리스가 가장 먼저 발견하고 코렌스, 체마르크 순으로 각각 발견하였다. 모두 자신이 연구하는 동안 멘델을 몰랐다고 주장하지만, 그들이 연구 중에 이미 멘델의 논문을 알았을 가능성도 없지 않다. 어쨌건 이들에 의해 재발견이 있었기 때문에 현대 유전학이 시작될 수 있었다.

토마스 헌트 모건

길을 열었다.

드브리스의 돌연변이는 진화를 설명하기 위한 것이며, 모건의 돌연변이는 새로운 형질을 연구함으로써 **유전학**의 발전에 기여한 것이다. 한때 모건의 제자였던 **멀러(Hurmann J. Muller)**는 초파리에 X선을 쪼임으로써 인공적으로 돌연변이를 만들어낼 수 있음을 밝혔다. X선과 같이 생물체에게 돌연변이를 일으킬 수 있는 요인을 돌연변이원이라고 한다. **돌연변이원**은 α, β, γ, X선과 같은 이온화 방사선이나 과산화물, 콜히친, 각종 발암 물질 등의 화학 물질이 있다. 저그의 울트라리스크 동굴이나 디파일러 언덕은 바로 이러한 돌연변이원을 풍부하게 제공하는 장소이다. 따라서 돌연변이체가 나타날 확률이 아주 높다.

하지만 여기서 다시 한 번 집고 넘어가야 할 문제가 있다. 앞에서 이야기를 했듯이 돌연변이는 생물에게 이롭게 일어날 확률이 매우 낮다. 울트라리스크와 같이 덩치가 커지고 강력한 무기와 외골격을 가지는 방향으로 모든 유전자가 동시에 돌연변이를 일으킬 확률은 더욱더 낮아진다. 강한 방사선을 많이 쬐는 환경이라면, 돌연변이 괴물이 탄생하는 것이 아니라 생물이 생존하기 조차 힘들게 된다.

● **동화 작용과 이화 작용**

울트라리스크 케이번에서는 울트라리스크의 동화 작용에 의한 합성이라는 뜻의 아나볼릭 씬세시스(Anabolic Synthesis)와 키티누스 플래팅이 가능하다. 게이머들에게는 아나볼릭 씬세시스는 속도 업그레이드, 키티누스 플래팅은 방어력 업그레이드로 익숙할 것이다. **동화 작용(anabolism)**

이란 화학적으로 보면 간단한 분자가 더 복잡한 분자로 만들어지는 합성과정이다. 프로토스의 어시밀레이터 또한 동화 작용을 의미하는 또 다른 단어인 assimilation에서 온 말이다. **이화 작용**(catabolism)은 동화 작용과는 반대로 복잡한 분자가 간단한 물질 분자로 분해되는 과정이다.

울트라리스크 케이번

광합성은 탄소 동화 작용이라고도 하는데, 이산화탄소 분자가 복잡한 포도당 분자로 합성되기 때문이다. 광합성을 통해 만들어진 최초의 녹말을 동화녹말이라고 하는 것도 모두 합성과정에서 만들어졌기 때문이다. 이렇게 만들어진 양분은 이화 작용을 통해 세포에 필요한 에너지를 공급하게 된다.

호흡이 바로 대표적인 이화 작용이다. 생물은 호흡을 통해 복잡한 분자가 간단한 분자로 될 때 내놓는 에너지를 생명 활동에 사용하게 된다. 광합성인 동화 작용을 통해 빛 에너지를 화학 에너지로 저장하게 되고, 이렇게 만들어진 에너지를 이화 작용인 호흡을 통해 활용하게 된다. 따라서 생물에게 필요한 모든 에너지는 태양복사 에너지에서 오게 되는 것이다.

결국 울트라리스크의 동화 작용은 물질의 소화 합성과정이 신속하게 일어남을 뜻한다. 울트라리스크와 같이 거대한 덩치가 되기 위해서 활발한 동화작용이 필요할 것이다. 하지만 진짜로 필요한 것은 저글링과 같이 메타볼릭 부스트가 필요할 것이다. 저글링의 메타볼릭 부스트(Metabolic boost)는 동화 작용뿐만 아니라 이화 작용도 포함한 개념인 **물질 대사**(metabolism)를 향상시킨다. 물질 대사는 늙은 세포가 새로운 세포로 대체된다는 의미일 때는 신진 대사, 호흡을 통해 열이 방출되는 관점으로 본다면 에너지 대사라

머리가 텅~빈 것 같아!

에헤라 디여라

똥 쭉... 어쩌다 저 지경~

음

무식하면 용감하다!

고도 한다. 저글링이 물질 대사를 증강함으로 인해서 속도 업그레이드를 할 수 있는 것은, 그만큼 많은 물질을 산화시켜 많은 에너지를 사용한다는 것이다. 따라서 저글링은 평소에 충분히 많은 먹이를 먹어둬야 한다.

사람의 경우 안정적인 상태일 때 심장과 골격근이 가장 많은 에너지(25%)를 사용한다. 그 다음이 뇌(19%)이다. 저그족의 특성상 오버로드를 제외하고는 뇌의 활용도가 거의 없다(뇌의 활용도가 낮다고 뇌가 필요 없다는 뜻은 아니다). 따라서 저글링은 뇌에서 아낀 에너지를 심장과 골격근 활용에 투입할 수 있다. 이런 이유로 저글링은 생각 없이 미쳐 날뛰는 무서운 공격 유닛이 되는 것이다. 또한 에너지를 아끼기 위해 평소에는 체온을 낮추는 기술도 가지고 있어야 한다. 그렇지 않다면 먼 거리를 뛰어가다가 에너지가 부족해서 퍼지고 만다. 에너지 대사는 체온과 밀접한 관계가 있어 체온이 내려가면 소모되는 에너지도 줄어든다. 동면하는 동물의 체온이 떨어지는 것도 이 때문이다.

여기서 잠깐!

치타! 따라 올 테면 따라와 봐

지상의 동물 중에서 가장 빠른 것은 치타이다. 치타는 최고 속력이 시속 120km로 1초에 약 30m 정도 달릴 수 있다. 만약 치타가 계속해서 이렇게 달릴 수 있다면 초원의 초식동물은 남아나지 않을 것이다. 치타가 최고 속력으로 달릴 수 있는 것은 수초 정도밖에 안 된다. 따라서 짧은 시간에 영양을 잡지 못하면 치타는 지쳐서 먹이를 놓치고 만다. 빨리 뛴다는 것은 많은 에너지를 소비한다는 것이며, 많은 에너지를 소비하기 위해서는 많은 산소를 필요로 한다. 자동차를 생각해 보면 쉽게 알 수 있다. 과속하는 자동차의 연료가 더 빨리 떨어진다. 저글링의 경우 업그레이드를 하면 엄청나게 빨리 뛸 뿐 아니라, 공격속도도 빨라진다. 진짜 생물이라면 이렇게 미친 듯이 뛰다가는 산소와 에너지 부족으로 곧 퍼져버리게 된다.

헉헉~
뇌만 넣으면
완성이다...

안 ✚ 전

안되면 뜯어 고쳐라

사이버네틱스 코어와
오큘라 이식 수술

프 로토스가 드래군을 생산하기 위해서는 사이버네틱스 코어가 필요하다. 사이버네틱스 코어
는 '인공지능 중심부'라는 뜻으로 죽기 직전 질럿의 두뇌를 드래군에 장착하는 기술을 연구
하는 곳이다. 영화 〈로보캅〉에서는 경찰 머피가 죽자, 그의 두뇌를 로보캅에 이식시켜 그를 사이보
그로 탄생시킨다. 영화 〈아이 로봇〉에서 로봇들이 로봇공학 3원칙을 준수 하듯이 로보캅은 그를 만
든 회사인 OCP의 명령에 충실히 따르는 사이보그이다. 그가 인간이었던 흔적은 머피가 총을 집어
넣을 때 총을 돌리던 습관뿐이다. 하지만 로보캅에 이식한 두뇌 속에서 살아있을 때, 기억의 일부
가 살아나면서 로보캅은 심한 갈등을 겪는다. 그렇다면 일부 드래군이 시지 탱크에 달려가 근접 공
격을 하는 것도 질럿이었을 때의 기억 때문일까?

● 사이버네틱스 코어 : 인간과 기계

우린 아직도 인간의 두뇌만큼 뛰어난 컴퓨터를 만들어내
지는 못했다. 그렇다고 앞으로도 만들지 못하라는 법은 없다.

1996년 세계 체스 챔피언인 카스파로프는 IBM의 컴퓨터
딥블루(Deep blue)와 체스 경기를 했다. 그 당시 많은 사
람들은 단순한 계산에서는 컴퓨터가 우수할지라도 여러 가
지 다양한 경우의 수와 함께 융통성을 발휘할 수 있는 체스

사이버네틱스 코어

빨리 좀 해요. 한수물러 줄까요?

뺄뺄

음메에....

누가 더 똑똑한 것일까?

러시아 체스 챔피언 카스파로프

와 같은 경기에서는 사람이 이길 것이라고 생각했다. 첫판을 지기는 했지만, 이때 경기에서는 카스파로프가 승리했다. 하지만 1997년의 재 경기에서 카스파로프는 패배했다. 6년 후 다시 재 경기에서 3:3 무승부가 나긴했지만, 앞으로는 더욱더 이기기 힘들 것이다.

아직까지 인간의 뇌를 따라 올 수 있는 컴퓨터는 없다. 로봇의 제왕이라 불리는 **모라벡(Hans Moravec)**에 의하면 인간의 뇌는 초당 약 13조 번의 계산이 가능하다고 한다. 1987년 카스파로프를 이긴 딥블루의 경우 32대의 슈퍼컴퓨터를 연결하고 체스 전용 프로세서까지 장착하고 있었지만 계산 능력은 1초에 2억번 밖에 되지 않았다. 우리의 뇌가 딥블루보다 우수한데, 왜 우리는 딥블루에게 체스를 이기지 못할까? 그것은 뇌의 능력을 100만분의 1정도밖에 사용하지 못하기 때문이다(여기에다 초보자들은 실수까지 한다). 컴퓨터의 성능은 날이 갈수록 향상되지만 인간의 두뇌는 그렇지 못하다. **무어의 법칙(Moore's Law)**에 의하면 컴퓨터의 처리 능력은 18개월마다 두 배로 늘어난다고 한다.

물론 초당 계산 횟수가 모든 것을 말해주는 것은 아니지만 단순 판단을 해보면 앞으로 컴퓨터가 인간보다 훨씬 효율적인 날이 올 것이라는 것이 분명하다. 로보캅이나 드래군에게 전투 상황에서 복잡한 판단력이 요구되지는 않는다. 드래군은 명령에 따라 공격이나 이동을 하면되고, 명령이 없을 때에는 적의 유닛이 접근하면 공격하는 단순한 반응을 보인다. 영화 〈로보캅〉에서 알 수 있듯이 로보캅은 사건이 생겼을 때 프로그램에 의해 단지 몇 가지 경우의 수를 시뮬레이션한 후 행동에 옮겼다. 예를 들어 범인이 인질을 잡고 있으면 시민을 보호하면서 범인을 체포하는 방법, 즉 벽을 향해 총을 쏘아 범인을 맞추는 작전을 채택하는 것이다. 사람의 경우 긴장하여 실수를 할 수 있는 상황에서도 로보캅은 실수를 하지 않는다. 아군인지 적군인지 판단하는 것은 사람보다 컴퓨터가 더 빠르고 실수를 하지 않을 것이다. 영화 〈맨인블랙〉에서 제이(윌 스미스)와 같이 아주 짧은 순간에도 외계인과 민간인을

〈아이 로봇〉 로봇을 싫어하던 스프너 형사는 결국 그를 친구로 대우해 준다.

구분해 내는 놀라운 능력을 보이는 경우도 있다. 영화 〈아이 로봇〉에서 스프너(윌 스미스)는 임무를 먼저 완수하려는 로봇 써니에게 위기에 처한 캘빈 박사를 먼저 구하라는 명령을 내리고 결과적으로 캘빈 박사의 목숨도 구하고 임무도 완수한다. 이렇게 위급한 상황에서도 한 사람의 목숨을 구하기 위해 노력하는 스프너 형사의 모습이 인간적으로 보일수도 있다. 하지만 그들의 임무가 실패한다면 인류의 미래가 암울하게 바뀔 수 있는데, 과연 구할 수 없을지도 모르는 사람을 구하려는 스프너의 판단이 임무를 완수하려고 하는 써니의 논리적인 판단 보다 옳다고 할 수 있을까? 이것은 영화상에서나 가능할 뿐, 실제로 이러한 상황이 닥친다면 써니의 판단을 따라야 할 것이다. 전쟁과 같이 긴박한 상황에서 감정에 많은 영향을 받는 인간보다는 전투 로봇이 훨씬 정확하게 임무를 수행할 수도 있을 것이다. 물론 로봇이 아군의 신상 정보를 모두 가지고 있거나 아군이 식별 표시를 달고 있어야 한다. 따라서 죽어가는 질럿의 두뇌를 드래군에 장착하는 것이 그렇게 효율적으로 보이지는 않는다.

2000년 태국의 과학자들은 인터넷을 통해 조종이 가능한 경호로봇인 **로보가드(Roboguard)**를 만들었다. 또한

과학기술연구원에서 만든 롭해즈

〈페이스 오프〉 미국에서 화상과 같은 사고로 안면이 심하게 손상된 환자를 대상으로 수술이 이루어질 예정이다. 단, 영화에서와 달리 얼굴을 서로 바꾸는 것이 아니라 기증받은 사체에서 얻은 얼굴을 이식하게 된다.

일본에서는 현금 수송용 로봇을 만들어 시판하고 있다. 이와 같이 아직까지는 일부 한정된 곳에 경호 로봇이 활약하고 있을 뿐이다. 하지만 이러한 로봇에 대한 수요는 꾸준히 증가하고 있다. 이라크에 주둔해 있는 자이툰 부대에도 한국과학기술연구원(KAIST)에서 만든 **롭해즈(ROBHAZ)**라는 로봇이 파견되었다. 롭해즈는 이곳에서 정찰과 폭발물 제거와 같은 위험한 임무를 수행한다. 이와같이 인간을 대신해서 위험한 일을 처리하는 로봇이 일반화되기 시작했다.

얼마전 일본에서는 발칸포를 장착한 로봇을 개발했다고 해서 많은 사람들의 관심을 끌었다. 아직까지 전투용 로봇이라 불리기에는 성능이 초라하기는 하지만, 만화 속 건담이나 패트레이버가 언젠가는 등장할지도 모를 일이다.

● 〈페이스 오프〉와 생체 공학 : 오큘라 이식 수술

고스트는 실전에서 자주 등장하는 유닛은 아니다. 하지만 블리자드에서 고스트를 주인공으로 한 새로운 게임을 출시할 만큼 테란의 고스트는 분명 매력적인 유닛이다. 고스트는 핵무기를 사용할 수 있게 하며, 락다운(Lock down)이라

여기서 잠깐!

드래군이 질럿의 뇌가 필요한 이유?

로보캅에 인간의 뇌가 필요한 것이나 드래군에 질럿의 뇌가 필요한 이유는 아직까지는 인간의 두뇌가 컴퓨터보다 우수하기 때문이다. 축구로봇은 축구를 하며, 청소로봇은 청소를 한다. 현재 로봇들은 프로그램 되어 있는 작업을 하는 것은 문제없이 할 수 있다. 하지만 이들에게는 상식이라는 것이 없기 때문에 조금 다른 작업을 시켜도 그들은 그것을 수행하지 못한다. 로봇에게 2살짜리 아이가 가지고 있는 상식을 가지게 하려면 수십 년 이상 데이터를 집어넣어야 한다고 한다. 따라서 이와 같이 많은 데이터를 집어넣을 수 없기 때문에, 스스로 학습하는 로봇을 만들려고 하는 것이다. 현재 로봇은 바퀴벌레 수준의 지능을 가지고 있다. 이렇게 단순해서는 복잡한 일을 처리할 수 없기 때문에 질럿의 뇌가 필요한 것이다. 하지만 프로토스의 기술수준으로 봐서는 질럿의 뇌를 쓰지 않아도 될 만큼 뛰어난 인공지능 컴퓨터를 개발했어야 할 것이다.

는 기술을 사용하여 적의 주요 기계화 유닛을 순식간에 바보로 만들어 버린다. 고스트를 잘 활용하기 위해서는 여러 가지 기술 개발이 필요한데, 그 중 오큘라 임플란츠(Ocular Implants)라는 것이 있다. 이것은 광학적인 눈을 이식한다는 뜻인데, 이 기술은 고스트의 시야를 넓게 한다.

고스트의 정체

흔히 **임플란트**라고 하면 치과의 덴탈 임플란트를 말하는 경우가 많다. 치과에서 말하는 임플란트는 치아가 빠진 부분에 인공치근을 턱뼈에 이식하여 뼈와 엉겨 붙게 하는 것을 말한다. 이렇게 하면 의치를 하는 것에 비해 여러 가지 장점이 있어, 치과에서 많이 시행하고 있다. 이식이 살아 있는 생물체 사이의 조직 제공을 의미한다면, 임플란트의 경우에는 만들어진 제품을 심는다는 뜻을 가지고 있다. 즉, 이식은 생체 조직을 옮긴다는 의미이고 임플란트는 인공물을 장착한다는 뜻이다. 따라서 오큘라 임플란트의 경우에도 첨단 기술을 동원한 기계 눈을 심는다는 뜻으로 해석할 수 있다.

이식(transplantation)은 식물을 다른 곳으로 옮겨 심는다는 뜻이다. 동물의 경우에는 상처를 치료하기 위해 다른 생체 조직을 옮겨 온다는 뜻도 있다. 자기 몸에서 자기의 조직을 옮겨서 치료할 경우에는 **자가 이식**이라고 한다. 얼굴과 같은 곳에 화상 등의 부상을 당해 심한 후유증이 생긴 경우, 허벅지 살과 같은 곳의 피부를 떼어내어 이식하는 수술이 자가 이식에 해당된다. 자기 몸에서 필요한 부분을 떼어 내어 이식하는 것은 거부 반응이 없기 때문에 일찍부터 사용된 방법이다. 이렇게 자기 몸에서 필요한 조직을 이식할 수 있는 경우는 피부나 근육과 같이 일부에만 가능하다.

다른 사람의 조직을 받을 경우에는 **동종 이식** 이라고 한다. 지금 시술되고 있는 대부분의 장기 이식 수술이 여기에 속한다. 다른 사람의 조직을 환자의 몸에 이식하는 것은 기계 부품을 교환하듯 쉬운 일이 아니다. 기계의 경우에도 부품의 규격이 맞지 않으면 호환되지 않듯이, 사람도 마찬가지이다. 앞서 이야기 한 피부의 경우 그 수요가 많기 때문에 인공 피부에 대한 연구가 활발히 이루어지고 있다. 지금은 시체에서 떼어낸 피부를 거부 반응을 일으키는 항원을 제거한 후 동결 처리하여 사용하고 있다. 이 경우에도 조금만 부주의하면 염증 등이 발생할 수 있어 주의를 요한다.

〈디아이〉 간혹 장기이식을 받고 난 후 이상한 경험을 했다고 주장하는 사람들이 있기는 하지만 공식적으로 확인된 것은 없다.

영화 〈디아이〉의 경우 다른 사람의 각막을 이식 받은 후부터 귀신이 보이게 된다. 하지만 다른 사람의 각막을 받았다고 해서 기증자가 본 것을 보는 일은 생기지 않는다. 각막은 단순히 빛을 굴절시키는 일을 할 뿐 무엇을 보는 것은 뇌에서 일어나기 때문이다. 영화 〈애니멀〉에서도 주인공은 말처럼 빨리 달리거나 돌고래의 재주를 부리는 등 동물들의 기관을 이식받고 그 동물의 능력을 발휘하게 된다. 이것은 영화 속에서나 가능할 뿐, 현실 속에서는 불가능한 이야기다. 다른 사람에게서 필요한 장기를 기증 받아 수술을 하면

〈애니멀〉 자동차 사고를 당한 후 마빈은 각종 동물의 장기를 이식 받는다. 장기이식 덕분에 그는 돌고래 같이 수영하는 것이 가능하다.

좋지만, 필요한 사람에 비해 제공자가 너무나 적은 것이 현실이다. 심장과 같이 한 개뿐인 장기는 살아 있는 사람에게서 기증받을 수 없기 때문에 뇌사자나 금방 사망한 기증자에게서 얻을 수밖에 없다. 그렇기 때문에 그 수가 터무니없이 적다. 또한 신장과 같이 두 개 있는 장기라 하더라도 기증을 받을 수 있는 경우는 그리 많지 않기 때문에 사람들은 오래

전부터 동물로부터 이식을 하는 것을 연구한 것이다.

이와 같이 원숭이 등의 다른 동물의 조직을 받을 경우에는 **이종 이식**이라고 한다. 영화 팀버튼의 〈화성침공〉에서 짓궂은 화성인은 재미로 사람의 머리에 개의 몸을 이식시키는 실험을 하는 잔인함을 보인다. 화성인의 뛰어난 기술로는 이러한 것이 가능할지 모르지만, 아직 우리에게는 쉽지 않은 꿈만 같은 일이다. 병이나 사고로 절망적인 상황에 놓인 많은 사람들이 비비원숭이나 침팬지의 장기를 이식받았지만, 모두 몇 시간에서 길게는 몇 개월을 넘기지 못하고 사망했다. 이종 이식의 경우에는 장기의 크기가 다르고, 거부 반응을 일으키는 등 여러 가지 문제를 일으키기 때문이다.

거부 반응은 사람의 몸이 체내에 침입한 다른 물질을 구분하여 공격하는 **항원-항체 반응**(antigen-antibody reaction)에 의해 일어난다. 이러한 거부반응을 줄여 이식에 길을 열어준 것이 면역억제제인 **사이클로스포린**(cyclosporine)이다.

피부 이식, 장기 이식에 이어 최근에 팔과 같이 복합 조직의 이식도 시도되고 있다. 이러한 동종 이식의 최종 단계는 **뇌 이식**(또는 신체이식)이 될 것이다. 뇌 이식은 기존의 이식들과는 달리 여러 가지 윤리적인 문제를 내포하고 있다. 이러한 윤리 문제를 처음으로 고민한 것은 영화 〈프랑켄슈타인〉에 등장하는 괴물(사실 괴물은 아니다. 사람들이 흉칙한 외모를 보고 그렇게 불렀을 뿐, 그를 만든 프랑켄슈타인 박사는 그에게 이름을 붙여주지 않았다.)을 만든 빅터 프랑켄슈타인 박사일 것이다. 그는 온갖 정성을 들여서 시체에서 모은 장기를 가지고 새로운 생명을 창조해 내는 위대한 일을 해 내지만 그 일이 성공하자마자 자신이 한 일을

항원-항체 반응

자신의 몸을 구성하는 세포가 아닌 외부 물질은 모두 항원이 될 수 있다. 미생물, 화학 물질, 꽃가루뿐만 아니라 우리가 먹는 음식물도 항원이 될 수 있다. 항체는 항원과 반응하여 항원-항체 반응을 일으키는 물질로 혈청 속에 존재한다.

면역억제제

항원-항체 반응이 일어나는 과정을 방해하는 물질. 항원을 인식하지 못하게 하거나 항체가 만들어지지 않게 한다. 항체가 자신의 몸을 공격하는 자기면역 질환이나 장기이식의 거부반응 억제를 위해 사용된다.

후회 한다. 괴물은 탄생하자마자 자신을 만들어준 창조자인 프랑켄슈타인 박사에게 버림 받았다. 또한 배가 고파 빵 한 조각을 훔쳐 먹다가 사람들에게 두들겨 맞고 쫓겨난다. 그리고 그가 도움을 줬던 숲속의 농부 가족에게 조차 외모 때문에 괴물 취급을 받자 진짜 잔인한 괴물로 변해가게 된 것이다. 사실 그는 괴물로 태어난 것이 아니라 주위 사람들에 의해 괴물로 만들어진 것이다.

〈프랑켄슈타인〉 괴물의 모습이 흉칙하지 않고 원빈과 같이 매력적인 모습이었다면 다른 대접을 받지 않았을까?

우린 여기서 프랑켄슈타인이 만들어낸 피조물이 아름다운 미녀의 모습을 하고 있었다면 과연 이러한 반응을 보였을까? 라는 의문을 가져 볼 수 있다. 원래 만들어진 인간의 몸은 아름답지만, 사람들의 손에 의해 창조된 것은 절대자(혹은 자연)에 의해 만들어진 것보다 못해야 한다는 생각을 가지고 있어서, 영화 〈프랑켄슈타인〉에서 괴물을 흉측하게 묘사한 것은 아닐까?

세계적인 뇌수술 권위자인 화이트 박사는, 두 마리 원숭이의 머리를 바꾸는 실험을 하여 사람들에게 충격을 주는 바람에, '프랑켄슈타인 박사'라는 별명을 얻게 되었다. 1998년 5월 화이트 박사는 두 마리 원숭이의 머리와 몸통을 바꿈으로 인해서 뇌 이식의 가능성을 열었다. 아직까지는 척수를 연결할 수 있는 기술이 없기 때문에 몸통을 움직일 수는 없으나, 원숭이는 시각과 청각을 느꼈다고 한다. 사람의 경우에는 원숭이보다 연구된 것이 더 많기에 가능성이 더 많다고 할 수 있다. 그렇다면 화이트 박사가 많은 사람들이 거부감을 가지는 이러한 수술을 한 이유는 무엇일까? 그는 이러한 연구를 통해 "뇌사자의 몸통을 신체 기능이 정지된 사람이나 여러 장기가 복합적으로 기능하지 않는 사람의 머리와 결합할 수 있을 것이다."라고 했다. 하지만 한편으로는 생명 연장의 수단으로 악용될 가능성도 있다. 또한 뇌를 이식한 사람은 누구인가와 같은 정체성의 문제도 야기하게 된다.

뇌를 이식한 것일까? 몸을 이식한 것일까?

장기 이식의 이러한 문제점을 해결하기 위한 여러 가지 해법이 제시되고 있다. 동물에게 인간의 유전자를 주입해 인간의 장기를 생산 하는 방법, 장기를 배양하는 방법, 장기를 대신할 수 있는 인공 장기를 만드는 방법 등이다. 동물에게 인간의 유전자를 주입해 인간의 장기를 생산하는 데 가장 유력한 후보는 돼지이다. 돼지는 인간의 장기와 그 크기가 유사할 뿐 아니라, 사육이 용이하다는 장점도 있다. 하지만 우리가 알지 못하는 돼지 바이러스가 침투할 우려가 있어 많이 주저되고 있다. 최근에는 인간의 뇌를 원숭이의 뇌에 이식해 배양에 성공 했는데, 이럴 경우 인간의 뇌를 가진 원숭이가 태어나지 말라는 법도 없다.

장기를 배양하는 문제는 복제 인간의 문제와 직결된다. 장기 배양 기술과 복제 인간이 밀접한 관련이 있기 때문이다. 배아 줄기세포는 어떠한 장기로도 자랄 수 있다. 이는 장차 자라서 인간이 될 수도 있음을 의미한다. 장기 배양 기술은 장기 이식 이외에는 다른 치료 방법이 없는 환자들에게는 분명 희망의 기술이다. 수많은 사람들에게 혜택을 줄 수 있다는 것은 많은 경제적 이득이 있음을 말한다. 이와 같이 장기 배양 기술은 많은 사람에게 혜택을 줄 수 있을 뿐 아니라 경제적 이익 또한 엄청나다. 따라서 인권 단체와 종교계의 반발이 있음에도 각국에서는 쉽게 포기하지 못하고 있는 실정이다.

〈아일랜드〉 복제 인간을 장기 공급을 위한 도구로 취급한다.

인공 장기는 자연의 원래 작품에 비하면 아직까지 초보

적인 수준이라 할 수 있지만, 다른 분야에 비해 반발이 적은 편이다. 물론 인공 장기의 경우에도 스타크래프트의 드래군이나 로보캅과 같이 뇌를 이식한 기계가 등장할 경우까지 생각한다면 또 다른 문제를 일으킬지도 모르지만, 아직까지는 영화 속의 이야기일 뿐이다.

알까기? 알깨기?

럴커의 에그

스타크래프트 부루더워에서 새로 등장한 럴커는, 강한 공격력과 긴 사정거리를 가지고 있어 방어에 매우 유용한 유닛임에 틀림없다. 하지만 아직 럴커를 준비하지 못했는데, 마린과 메딕 연합 부대가 공격해 온다면 참으로 낭패가 아닐 수 없다. 이때 급하게 준비할 수 있는 수단이 좁은 길목에서 히드라리스크를 럴커로 변태시키는 것이다. 변태 중인 알은 방어력(아머)이 높기 때문에, 뒤편에 있는 히드라리스크가 럴커로 변태할 수 있는 시간을 벌어주게 된다. 물론 변태 중인 곤충은 알이라고 하지 않고 고치라고 한다. 하지만 저그는 매우 독특한 생물이기에 일단 알이라고 치자. 그렇다면 럴커가 태어날 만큼 거대한 알이 있을까? 어떻게 알이 그렇게 튼튼한 것일까?

● 알

알은 암컷의 생식세포인 **난자**를 일컫는 말이지만, 일반적으로 체외로 배출되었을 때 알이라고 부르는 경우가 많다. 즉, 닭의 난자가 성숙해서 체외로 배출된 것이 계란인 것이다. 포유동물의 경우 난자가 체내에서 정자와 만나 수정을 하여 어린 개체가 태어나기 때문에 알을 볼 수는 없다. 파충류는 양서류의 알과 달리 껍질과 **양막**으로 이루어진 양막성

달걀과 타조 알의 크기 비교

히드라리스크에서 럴커로 변태중인 에그.

알을 낳음으로 인해 더 이상 물가에 의존하지 않아도 돼 활동 반경을 넓힐 수 있게 되었다.

포유동물을 제외하고 대부분의 동물은 알을 낳는다. 알을 낳거나 새끼를 낳는 것은 어떤 방식이 더 좋다기보다는 각각 장·단점이 있다. 알은 이동 능력이나 방어 수단이 없기 때문에 다른 동물의 공격 대상이 되기 쉽다. 따라서 어미가 알을 지키고 있거나, 포식자에게 발각되지 않도록 잘 숨겨야 한다. 그게 아니면 많은 수의 알을 낳아서 일부 손실을 보충할 수 있게 해야 한다. **개복치(Mola mola)**의 암컷은 한꺼번에 알을 3억 개나 낳는다. 이 알의 99.9%가 부화 되기 전에 다른 동물의 먹이가 된다 하더라도 30만 마리의 새끼가 태어나는 셈이다. 이와 같이 알을 낳고 새끼를 돌보지 않는 동물일수록 많은 알을 낳는 경향이 있다. 포유동물의 경우에 적은 수의 새끼를 낳지만 새끼가 혼자 생활할 수 있을 때까지 보살핌으로써 생존율을 높인다.

알의 크기는 조그만 곤충의 알에서 타조 알에 이르기까지 크기가 매우 다양하다. **키위**('키위 키위' 하고 운다고 해서 붙여진 이름)는 자기 체중의 20%에 달하는 2.5kg의 알을 낳는다. 덩치는 닭과 비슷하지만 알의 크기는 6배나 크다. 이렇게 큰 알은 낳기 힘들지만 일단 낳아서 부화가 되면 큰 새끼가 태어나 돌보지 않아도 혼자 살아갈 수 있다는 이점이 있다.

현존하는 동물의 알 중에서 가장 큰 것이 바로 타조 알이다. 그렇다면 과거 생물이었던 공룡의 알은 타조 알보다 훨씬 컸을까? 만약 가장 큰 공룡인 **아파토사우루스**가 키위같이 자신의 몸무게의 20%에 달하는 알을

낳는다면 그 알은 자그마치 5톤이나 될 것이다. 이 정도 되면 알이 아니라 새끼 공룡을 위한 개인 주택이라 할 만하다. 하지만 이렇게 큰 알은 없고 지금까지 화석으로 발견된 공룡의 알 가운데 가장 큰 것은 히프셀로사우루스의 알이다. 이 알은 타조 알의 두 배 정도인 3.3ℓ의 부피를 가지고 있다. 공룡의 덩치를 고려하면 타조 알의 두 배라는 것이 터무니없이 작아 보이지만 알이 무작정 커질 수 없는 데는 여러 가지 이유가 있다.

알이 커지게 되면 당연히 난각(알껍질)도 두꺼워져야 한다. 그렇지 않다면 낳는 도중에 알이 충격에 의해 깨져버릴 수 있기 때문이다. 알이 커지는 것에 비례해 알 껍질이 두꺼워지면 될 것 같지만 현실은 그렇지 않다. 같은 재질이라면 작은 것이 큰 것보다 훨씬 견고하기 때문이다. 나무로 63빌딩 모형을 만들 수는 있어도 나무로 63빌딩을 지을 수는 없다. 따라서 알껍질은 작은 알에 비해 훨씬 두꺼워지게 된다. 난각이 두꺼워지면 모든 문제가 해결될 것 같이 보이지만, 사실은 이 때문에 모든 문제가 발생한다. 즉, 두꺼워진 난각 때문에 알 속의 새끼가 스스로 알을 깨고 나올 수 없게 되는 것이다. 알이 내부 충격에는 약하다고 해도 새끼가 깨고 나오기는 쉽지가 않다. 두꺼운 알은 항상 어미가 알을 깨줘야 하는 비효율성을 야기 시킨다. 또한 난각이 두꺼워지면 가스의 교환이 어려울 뿐 아니라, 알을 낳는 데 막대한 양의 칼슘을 소비해야 한다. 따라서 거대한 알을 낳는다면 매일같이 멸치를 구하러 다녀야 할 판이다. 따라서 타조 알 이상 큰 알은 존재하기 쉽지 않다.

럭커의 에그와 비교할 만큼 큰 것은 영화 〈고질라〉에 등장하는 고질라의 알이다. 고질라의 알은 사람 키만큼 크며,

가장 큰 알
놀랍게도 가장 큰 알은 공룡의 알이 아니다. 가장 큰 알은 멸종된 코끼리새의 알로 부피가 7.6ℓ로 공룡알의 두배가 넘는다.

〈고질라〉 거대한 괴물인 고질라는 사람보다 더 큰 알을 낳는다.

새끼들은 알에서 깨어나자마자 먹이를 사냥하기 위해 뛰어다니는 어미 못지않은 파워를 보여 준다(고질라는 생물학적으로나 물리학적으로 존재할 수 없는 생물의 덩치이다).

흔히 **아치 구조**의 견고함을 이야기할 때 등장하는 것이 알의 모양이다. 아치교는 중량을 분산시키는 구조이기 때문에 돌로 만든 다리들은 오랜 세월을 견디고도 아직도 튼튼하다는 이야기를 듣는다. 물론 옳은 이야기이다. 아치 구조는 중량을 분산시키는 효과가 있다. 알도 분명 아치 구조이다. 하지만 알이 중량을 분산시키기 위해 아치 구조로 생긴 것은 아니다. 그것보다는 알이 둥지에서 많은 공간을 차지하지 않기 위해서나 굴러 떨어지지 않기 위한 적응의 결과일 가능성이 많다. 또한 생식 기관을 빠져 나오면서 구형의 모양이 찌그러진 영향도 크다. 새의 알은 탄산칼슘의 딱딱한 껍질이기 때문에 찌그러진 모양이 돌아오지 않지만, 가죽 같은 껍질을 가진 파충류의 알은 거의 구형이다.

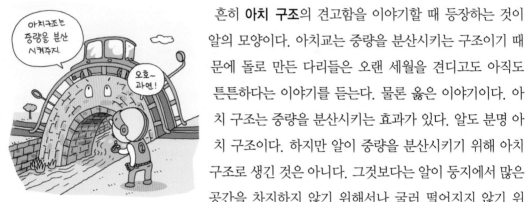

아치구조는 중량을 분산시켜주지.

오호~ 과연!

새 알의 모양
대부분 새의 알은 계란과 같이 한 쪽은 뾰족하고 다른 쪽은 타원형의 모양을 하고 있다. 하지만 타조알의 경우에는 둥근 모양을 하고 있으며, 논병아리의 알은 양쪽 모두 뾰족하다. 이와 같이 새 알의 모양도 조금씩 차이가 있다.

계란의 난각에는 작은 구멍이 있어 기체의 교환만 일어나는 것이 아니라 이 구멍을 통해 기생충 침입도 가능하다. 따라서 계란을 낳을 때 점액으로 감싸서 놓게 되며, 계란의 흰자에는 미생물들이 번식하기 어렵도록 순수한 형태의 단백질로만 되어 있다. 흰자에는 철분이 없고 노른자에만 철분이 있어 흰자를 침투해서 들어가기 어렵기 때문에 계란은 쉽게 상하지 않는 것이다. 이러한 방어체제에도 불구하고 감염이 된 계란이 있을 수 있기 때문에 계란을 날로 먹는 것은 좋지 않은 취식 방법이라 하겠다.

곤충의 애벌레는 알에서 깨어나면서 난각을 먹기도 하는데, 저그도 그럴까?

난 가진 놈만 박살내!

다크 아콘의 피드백

프로토스의 다크 아콘(Dark Archon)은 다크템플러가 합체해서 생겨나는 유닛이다. 다크템플러는 투명할 뿐 아니라 공격력도 높기 때문에 다양하게 활용할 수 있다. 하지만 다크 아콘은 붉은색의 인상적인 모습과는 달리 자주 볼 수 있는 유닛은 아니다. 하지만 다크 아콘의 독특한 능력은 상대방에게 놀라움을 주기에 충분하다. 승리를 장담하면서 공격을 하러 간 배틀크루저 앞에 나타난 다크 아콘은, 지옥에서 살아온 악마의 이미지로 보일만큼 상대방을 놀라게 할 수 있다. 그도 그럴 것이 마인드 컨트롤(Mind Control)에 의해 배틀크루저를 빼앗길 수 있기 때문이다. 또한 야마토 캐논을 쏘기 직전에 피드백(Feedback)에 걸려 버리면 막강한 배틀크루저가 일순간에 종이비행기가 되어버릴 수 있기 때문이다. 그렇다면 왜 다크 아콘의 피드백이 이렇게 놀라운 기술이 될 수 있을까?

● **피드백**

다크 아콘의 **피드백**은 상대방 유닛이 가진 에너지만큼 체력을 감소시키는 기술이다. 따라서 여러 가지 기술 활용에 필요한 에너지를 많이 가진 유닛은 체력적인 손실도 크다. 야마토 캐논을 사용하기 직전의 배틀크루저는 많은 에너지를 보유하고 있기 때문에 그만큼 타격도 많이 받게 된다. 커세어는 디스럽션 웹(Disruption Web)을 사용하지 않을 경우 대부분 에너지가 꽉 차 있기 때문에, 피드백에 걸리면 아

 디스럽션 웹

지상 유닛이나 방어 건물의 원거리 공격을 차단하는 기술. 웹을 뿌리게 되면 미사일 테럿이나 포톤 캐논, 스포어 콜로니가 작동하지 않기 때문에 적의 기지를 공격하는 데 매우 유용한 기술이다.

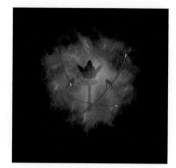
붉은 악마 다크 아콘

무리 약한 공격이더라도 한번에 끝장이 나 버린다.

피드백은 '되먹임'을 뜻하며, 단순히 '처음으로 되돌린다'는 뜻은 아니다. 즉, 피드백은 결과가 원인에 영향을 주는 경우에 사용한다. 스타크래프트에서는 에너지 보유량이 체력 감소의 원인이 되었기 때문에 사용한다. 우리의 모든 행동은 사실상 피드백 시스템에 의해 작동이 된다. 길을 걷거나 물건을 잡는 등의 행동도 우리 몸의 피드백 시스템에 의해 작동된다. 걸어가기 위해서는 우선 길을 눈으로 보고 확인하는 작업이 필요하며, 이에 따라 발걸음을 옮기게 된다. 물건을 잡을 때도 물건을 보는 작업과 함께 손끝에서 전해오는 촉감에 의해 어느 정도의 힘으로 물건을 잡으라고 근육에 명령을 내리게 된다. 계란을 잡는 로봇을 만들기 어려웠던 이유는 이와 같은 인간의 피드백을 흉내 내기가 쉽지 않았기 때문이다. 계란을 잡을 때 로봇의 손끝의 압력에 대한 정보를 로봇이 판단해서 계란을 잡아야만 계란이 깨지지 않게 된다.

우리는 너무나 정교한 피드백 시스템을 가지고 있기 때문에 시스템이 작동하고 있다는 사실을 인식하지 못하는 경우가 많다. 잘 생각해 보면 피드백 시스템이 없다면 우리는 아무 것도 할 수 없다. 헤드폰을 끼고 옆 사람과 대화를 시켜보면 목소리 조절이 안 되기 때문에, 필요 이상의 고함을 질러 주위 사람을 놀라게 하는 경우가 있다. 이것도 말을 하는 것이 단순하게 이루어지는 것이 아니라, 바로 피드백에 의해 자신의 목소리를 듣고 목소리를 조절하기 때문에 나타나는 현상인 것이다. 이렇게 어떤 신호가 들어왔을 때 어떤 판단을 내려 새로운 행동을 하는 시스템이 바로 피드백 시스템이다. 피드백에는 **양성 피드백**(positive

feedback)과 **음성 피드백(negative feedback)** 두 가지
가 있다.

양성 피드백은 결과가 원인에 더해지고, 이것에 의한 결
과가 다시 원인에 영향을 끼쳐 점점 증폭되는 결과를 낳게
되는 현상이다. 예를 들면 돈이 많은 대기업은 더 많은 연구
비를 투자하게 되고, 이는 더 많은 이윤을 창출하는 경우가
여기에 속한다. 생물의 체내에서는 출산 시에 **옥시토신
(oxytocin)**의 분비와 같이 일부의 경우를 제외하고는 양성
피드백에 의한 제어 시스템이 거의 없다. 출산할 때에는 태
아가 자궁벽에 가하는 압력이 증가하게 되고, 압력의 증가

옥시토신

자궁을 수축시키고, 젖의 분비
를 촉진하는 호르몬.

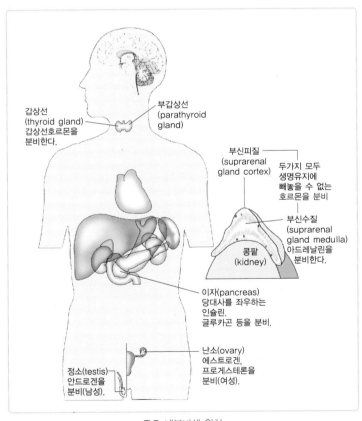

갑상선
(thyroid gland)
갑상선호르몬을
분비한다.

부갑상선
(parathyroid
gland)

부신피질
(suprarenal
gland cortex)

두가지 모두
생명유지에
빼놓을 수 없는
호르몬을 분비

부신수질
(suprarenal
gland medulla)
아드레날린을
분비한다.

콩팥
(kidney)

이자(pancreas)
당대사를 좌우하는
인슐린.
글루카곤 등을 분비.

난소(ovary)
에스트로겐,
프로게스테론을
분비(여성).

정소(testis)
안드로겐을
분비(남성).

주요 내분비샘 위치.

가 뇌하수체 후엽에 전해지면 옥시토신을 분비하게 된다. 옥시토신은 자궁벽을 수축시키기 때문에 더욱더 많은 양의 옥시토신을 분비하게 된다. 이러한 일이 일어나는 것은 출산이 신속하게 진행되지 않으면 태아와 산모가 모두 위험해지기 때문이다. 이와 같이 양성 피드백은 결과가 원인에 더해지기 때문에 결과가 더욱더 증폭된다. 만약 체온이 양성 피드백에 의해 작동 된다면 체온이 올라가기 시작하면 계속적으로 올라가기 때문에 열 때문에 죽게 될 것이다. 따라서 항상성 유지라는 생물체의 특성상 생물체 내에는 양성 피드백은 거의 없고, 음성 피드백에 의해 생리 현상이 조절된다.

음성 피드백은 몸을 항상 일정한 수준으로 유지를 할 때 사용되는 시스템이다. 이것은 마치 스프링을 잡아당기면 줄어들려고 하고 누르면 늘어나려고 하는 것과 같다. 우리 몸이 제 기능을 하기 위해서는 체온이나 혈당량이 항상 일정하게 유지되어야 한다. 운동량이 증가하여 체온이 높아지면 열 방출량을 늘려 체온을 낮춰준다. 만약 체온이 상승하는 것을 방치한다면 몸에 치명적인 손상을 가져올 수 있기 때문이다.

혈당량이 높아지면 **이자**에 있는 **랑게르한스섬**(Langerhans islets)의 세포에서 **인슐린**(insulin)의 분비가 촉진되어 혈당 수치를 낮춘다. 반대로 혈중 포도당 수치가 낮아지게 되면, 포도당 수치가 높아지는 쪽으로 몸을 조절하게 된다. **티록신**(thyroxine)의 경우에도 너무 분비가 많으면 안구돌출과 갑상선이 부어오르는 **바제도병**(Basedow's disease)에 걸린다. 또한 부족하면 대사율이 감소되고 성인의 경우 점액수종을 일으킨다. 출생 시에 갑상선 호르몬이 부족하면 육체적, 정신적 박약이 되는 **크레틴 병**(cretinism)에 걸린

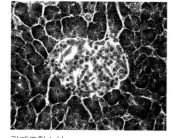
랑게르한스섬

랑게르한스섬

이자 내에 있는 섬모양의 조직으로 인슐린을 분비한다. 인슐린은 섬이라는 뜻을 가진 라틴어의 insula에서 붙여진 이름이다.

다. 그래서 몸은 항상 일정한 양의 티록신이 있어야 하는데, 이것도 음성 피드백에 의해 조절이 된다. 이와 같이 피드백 시스템에 이상이 생기면 여러 가지 질병에 시달리게 된다.

피드백과 더불어 몸의 항상성을 조절하는 또 하나의 기구는 **길항작용**이다. 길항작용은 한 기관에 서로 억제하는 두 작용을 말한다. 심장박동이나 팔을 굽혔다가 펴는 것이 길항작용에 의한 것이다. 심장박동은 교감 신경에 의해 촉진되고, 부교감 신경에 의해 억제되는 길항작용에 의해 조절된다. 팔을 굽혔다가 펴는 것도 굴근(상완이두근)과 신근(상완삼두근)의 길항작용에 의한 것이다. 팔을 굽히는 작용에 대해 상완이두근(이두박근 또는 흔히 알통이라고 한다)은 수축을 하게 되고, 상완삼두근(삼두박근)은 이완한다. 이렇게 상반되는 두 가지 작용에 의해 한 가지 일이 일어나는 것을 길항작용이라고 한다. 길항작용은 상반되는 두 가지 요인이 존재하지만, 피드백의 경우에는 항상 그렇다고만 할 수는 없다.

다크아콘이 상대 유닛의 에너지 보유량을 확인하고 공격하기는 어려울 것이다. 다크아콘의 피드백은 그 이름이 가진 특성과 달리 단지 에너지를 그 유닛에게 해롭게 바꿀 수 있는 능력이라고 해석하는 것이 옳을 것 같다.

점액수종
갑상선의 기능 저하증으로 눈꺼풀이나 다리가 점액에 의해 부어올라 붙여진 이름이다.

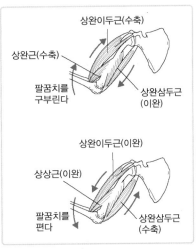

길항근육에 의한 길항 작용. 팔을 굽히고 펴는 일은 이 두 근육의 작용에 의한 것이다.

너도 침 좀 뱉는구나.

저그동 뮤탈 이라면 아는 놈 들은 다 알지

달달

퉤

질질

침 뱉지 마란 말이야~

뮤탈리스크의 스프레이 산과
가디언의 덩어리 산

스타크래프트에서 저그의 뮤탈리스크, 가디언, 디바우러는 산을 무기로 사용하는 유닛이다. 뮤탈리스크는 스프레이 산, 가디언은 덩어리 산, 디바우러는 점액질 산을 발사한다. 이것은 스타크래프트에서 무기를 구분하기 위해 설정된 것이지 실제로 산을 이렇게 구분하지는 않는다. 영화 〈개미〉에서 개미산을 뿜는 흰개미는 마치 괴물처럼 묘사되어 있다. 영화 〈에이리언4〉에서 에이리언의 황산 피에 의해 우주선 바닥이 녹는 장면은 매우 인상적이다. 이와 같이 게임이나 영화 속에서의 산에 의한 피해가 아니라 하더라도, 사람들은 산성비라는 단어에 많이 익숙해져 있다. 특히 산성비에 의해 죽음의 호수로 변해 버린 유럽의 이야기를 많이 떠 올리게 된다. 그렇다면 산이란 무엇이기에 동물과 건물에 피해를 주는 것일까?

● 산의 성질

산이라는 것은 라틴어의 acidus('시다' 라는 뜻)에서 유래한 것으로 공통적으로 신맛이 난다. 신맛을 내는 레몬이나 오렌지에는 시트르산과 아스코르브산(비타민 C)이, 식초에

뮤탈리스크는 산을 무기로
사용한다.

라부아지에

아레니우스의 산

아레니우스는 수용액 상태에서 수소이온을 많이 내 놓는 물질은 강한 산, 적게 내 놓는 물질은 약한 산 이라고 하였다. 또한 염기라는 것은 수용액 상태에서 수산화이온(OH^-)을 내 놓는 물질이라고 정의하였다.

아레니우스

는 아세트산이 들어 있다. 콜라에도 탄산과 같은 산이 들어 있기 때문에 산의 신맛을 느낄 수 있는 것이다.

신맛의 원인은 산 속에 포함되어 있는 **수소이온(H^+)** 때문이다(정확하게는 하이드로늄이온 H_3O^+이다). 하지만 산(酸)이라는 글자와 산소(酸素)에서 알 수 있듯이 초기에는 산이 수소가 아니라, 산소와 관련이 있다고 생각한 사람이 있었다(물론 산화와 환원에서는 산소와 상관이 있다). 그는 단두대의 이슬로 사라진 비운의 천재 화학자 **라부아지에**(Antoine Laurent Lavoisier)이다. 황산(H_2SO_4)이나 탄산(H_2CO_3)의 경우에는 산소를 포함하고 있어 라부아지에의 이론이 맞는 듯이 보인다. 하지만 염산(HCl)과 같이 산소를 포함하지 않는 산이 많기 때문에 라부아지에의 정의가 정확하다고는 할 수 없다.

스웨덴의 화학자 **아레니우스**(Svante August Arrhenius)는 산소가 아니라 수소이온에 따라 산을 정의하였다. 아레니우스는 염화수소가 물에 용해되었을 때 산성을 나타내는 것은 수소이온(H^+)과 염화이온(Cl^-)으로 이온화되면서 수소이온을 내 놓기 때문이라고 설명을 하였다. 아레니우스의 산-염기 정의는 대부분의 경우에 유용하게 받아들여졌다. 하지만 암모니아(NH_3)와 같이 수산화 이온이 없음에도 염기성을 나타내는 것은 설명하기 어려웠다. 이에 덴마크의 **브랜스테드**(Johannes Nicolaus Brønsted)와 영국의 **로우리**(Thomas M. Lowry)는 독립적으로 산과 염기에 대한 정의를 확장시켰다. 즉, 산은 양성자 주게(수소이온의 제공자), 염기는 양성자 받게(수소이온의 수용자)라고 정의하였다. 즉, 암모니아의 경우에는 물에서 수소이온을 받기 때문에 염기가 되고, 물은 수소이온을 제공하기 때문에 산이 된다. 물이 산이라고 하면 이상하게 생각될지 모르겠지만, 염산의 경우에는 물이 수소이온을 받기 때문에 염기가 된다. 즉 물과 같은 경우에는 산으로도 염기로서도 작용을 하기 때문에 양쪽성 물질이라고 한다.

순수한 물의 경우 분자 상태로 존재하는 물도 있지만 일부는 항상 이온화 상태로 존재한다. 순수한 물은 1리터에 10^{-7}몰의 수소이온과 10^{-7}몰의 수산화이온이 존재한다. 산성인 경우에는 수소이온의 농도가 높아지게 되고, 염기성인 경우에는 수산화이온의 농도가 높아지게 된다. 지수의 형태로 나타내지는 숫자들은 계산이 쉽지 않기 때문에 1909년 덴마크의 화학자 **쇠렌센(Søren Sørensen)**은 **수소이온 농도**, 즉 **pH(수소이온 지수** 또는 **페하**라고도 한다)라는 개념을 제안하였다. pH 3 이라는 것은 물 1리터 속에 수소이온이 10^{-3}몰이 들어 있음을 의미한다. 여기서 주의해야 할 것은 이 값은 로그 값이라는 것이다. pH 값이 작아질수록 수소이온의 농도가 높아지기 때문에 더욱더 산성을 많이 나타내게 된다.

우리의 혈액은 pH 7.3~7.5로 조금씩 변하며, 세포 내에는 pH 7.7로 우리 몸은 약한 염기성을 나타낸다. 탄산음료의 경우 pH 3이고, 위액은 pH 1.6~2.4이다. 비의 경우 순수한 물이기 때문에 pH 7에 가까울 것이라 생각하기 쉽지만, 사실은 공기 중의 이산화탄소가 녹아들기 때문에 pH 5.6까지 떨어질 수 있다. 하지만 공기의 오염에 의해 이보다 더 낮은 수치까지 pH가 내려오게 되면, 이를 산성비라고 한다. 산성비에 의해 식물이 말라죽고 호수에 물고기가 사라져 버렸다는 이야기가 있듯이 일부 미생물을 제외한 대부분의 생물들은 일정한 pH 범위 내에서만 생존이 가능하다.

산소

산소를 뜻하는 oxygen은 그리스어의 '날카롭다', '시다' 라는 뜻을 가진 oxy에서 따왔다.

몰(mole)

입자의 개수와 관련하여 물질의 양을 나타내는 단위. 기호로는 mol이나 M을 사용한다.

^{12}C 12g 속에 들어있는 원자 개수 (아보가드로 수, N_A)와 같은 수를 포함하는 물질의 양을 말한다. 탄소 1mol은 탄소 원자 6.02×10^{23}개 또는 탄소 12g이다.

쇠렌센

이것은 생물체의 효소들이 일정한 범위의 pH에서 활동하기 때문이다.

너무 강한 산이나 염기는 세포 자체를 파괴해 버린다. 영화 〈에이리언〉에서 에이리언의 황산 피가 몸에 묻자 부상을 당하는 것도 이 때문이다. 에이리언뿐만 아니라 사람도 강한 산을 분비한다. 사람의 위는 세균을 죽이고, 음식물을 소화시키기 위해 염산을 분비한다. 이러한 상황에서 위벽은 염산과 소화 효소로부터 보호가 되어야 한다. 그렇지 않으면 위벽도 단백질로 만들어져 있기 때문에 순식간에 녹아버

〈에이리언 대 프레데터〉에이리언의 입에는 항상 침이 흐른다.

릴 것이다. 위는 염산으로부터 위를 보호하기 위해서 활성화되지 않은 펩시노겐을 분비하며 뮤신(musin)으로 감싸 준다. 하지만 이러한 보호에도 불구하고 위벽은 끊임없이 공격을 받기 때문에 3일에 한 번씩 새로운 세포로 대체가 된다. 〈에이리언〉시리즈에서 에이리언이 인간을 공격할 때 보면, 입가에 점액성 물질이 많이 흘러내리는 것을 볼 수 있다. 점액질은 점막에서 분비가 되는데, 점액질에는 뮤신이 함유되어 있어 소화를 돕고 기관을 보호하는 역할을 한다. 에이리언의 경우 강한 산성 체액으로부터 자신을 보호하기 위해 이러한 점액의 분비가 필수적일 것이다. 따라서 입가에 잔뜩 점액성 물질이 흘러내릴 뿐 아니라, 지나간 자리에 찐득하게 묻어있는 점액성 물질을 볼 수 있다. 따라서 산을 무기로 하는 저그의 유닛이 지나간 자리에도 점액들이 떨어져 있을 수 있다.

파닥   파닥

다 큰 녀석이
침이나 흘리고...
어휴 더러워!

....

질 질

또한 산은 금속을 부식시키는 역할을 한다. 산 수용액에 금속을 넣으면 녹아버린다. 따라서 뮤탈리크스의 산 공격은 생명체와 금속제 무기 모두에 효과적이라

고 생각할 수 있다. 그렇다면 테란과 프로토스는 저그의 산 공격에 당하고만 있어야 할까? 테란과 프로토스의 방어력 업그레이드는 바로 이러한 공격에 대해 효과적인 방향으로 이루어져야 할 것이다. 산의 공격에 대한 효과적인 방어 법에는 산화피막이나 도료, 도장 같은 방법이 있다. 화장실을 청소하기 위해 약국에서 염산을 사본 경험이 있다면 쉽게 이해가 갈 것이다. 피부나 옷감에

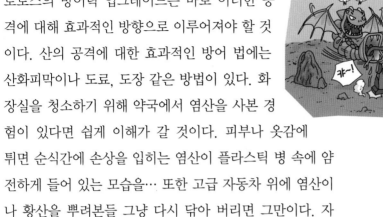

튀면 순식간에 손상을 입히는 염산이 플라스틱 병 속에 얌전하게 들어 있는 모습을… 또한 고급 자동차 위에 염산이나 황산을 뿌려본들 그냥 다시 닦아 버리면 그만이다. 자동차 도장 표면에 흠집이 없다면 산은 자동차를 손상시키지 못한다. 따라서 뮤탈리스크의 강한 산 공격은 오히려 산을 분비할 때 자신의 몸을 보호하는 방안부터 강구해 놓는 것이 좋을 것이다. 차라리 뱀과 같이 물면서 독액을 주입시킨다면 훨씬 효과적일 수 있다. 이와 같이 인간을 상대로 한 산 덩어리 공격은 비효율적이라 하더라도 동물의 세계에서는 유용하게 사용될 수 있다.

히드라도 등뼈 대신 독을 뱉으면 어떨까?

사람들은 선천적으로 뱀을 겁낸다. 뱀의 모습이 혐오감이나 공포심을 유발하기 때문이기도 하지만 독사와 같이 매우 위험하기도 하기 때문이다. 그렇다면 독사의 독은 어디에서 나오는 것일까? 뱀의 독 조직에는 세 가지 종류가 있으며, 뱀독은 타액선이 발달하여 생긴 독샘에서 만들어진다. 독사의 독은 일반적으로 증세에 따라 신경독과 출혈독으로 구분한다. 대표적인 독사로 알려져 있는 코브라는 신경독을 가지고 있고, 살모사는 출혈독을 가지고 있다. 독샘에서 만들어진 독은 독이빨과 연결되어 있다가 먹이를 물었을 때 분비가 된다. 독사가 물었을 때 분비되는 독의 양은 뱀이나 먹이에 따라 다르고, 독이빨의 크기도 뱀에 따라 다르다. 머리 모양이 삼각형인 뱀이 독사라고 알려져 있는데, 이는 우리나라에 있는 대표적인 독사

코브라

인 살모사의 머리 모양이 삼각형이기 때문에 그렇게 알려진 것으로 보인다. 하지만 꼭 그러한 것은 아니며 강한 독을 지닌 코브라의 경우 삼각형 머리가 아니다. 코브라의 경우 독이빨의 홈이 앞쪽으로 나있어 독을 뿜을 수도 있다.

특히 검은목코브라의 경우 4미터라는 원거리에서 근사하게 독액을 날릴 수가 있다. 머리를 앞으로 내밀면서 입을 벌리고 독샘을 누르면 독이 앞으로 날아간다. 이렇게 날아간 독이 눈에 들어가면 실명하게 되며, 쥐와 같이 작은 포유동물은 죽을 수도 있다. 자연에는 독사와 같이 독샘을 가진 동물이 많은데, 히드라도 등뼈 대신 독샘에서 독을 쏘는 것이 체력 소모가 덜하지 않을까?

총알탄 사나이

짐 레이너의 벌처

게임 초반에 아직 속도 업그레이드가 되지 않은 오버로드는 자칫하면 마린의 사냥감이 되기 십상이다. 하지만 속도 업그레이드를 하게 되면 드랍을 가는 동안 적에게 발각될 확률을 줄여주고, 테란이나 포톤 캐논을 통과하는 동안 피해를 줄여줄 수 있다. 또한 벌처의 속도 업그레이드를 통해서 적진을 흔들어 놓을 수 있는 등, 속도 업그레이드는 여러 가지 유용한 측면이 많다. 옛날에는 빠른 것을 화살에 비유하여 화살처럼 빠르다는 말을 하였지만, 오늘날에는 총알같이 빠르다는 말을 한다. 물론 우리가 알고 있는 빠르기의 물리학적 한계는 빛의 속도이기 때문에, 가장 빠른 것을 이야기할 때는 빛과 같이 빠르다는 과장을 할 수도 있다. 일상생활의 탈 것들 중에는 총알과 같이 빠른 것은 보기 힘들다. 스타크래프트에서는 빠른 유닛들이 별 문제 없어 보이지만, 일상의 탈 것들이 총알만큼 빠르다면 어떠한 문제가 생기지는 않을까?

● **과속 차량의 문제점**

가장 빠른 사나이, 가장 빠른 자동차, 가장 빠른 비행기에서와 같이 사람들은 끊임없이 더 빨리 달리기를 원한다. 이는 사람뿐만 아니라 동물의 경우에도 마찬가지로, 많은 동물들이 더 빨리 달리는 방향으로 진화했음은 의심할 여지가 없다. 속도의 매력에 빠져 버린 많은 사람들이 자동차 경주로 몰리고 있으며, 또한 목숨을 건 오토바이 폭주족의 광란의 경주 소식도 어렵지 않게 접할 수 있다. 너무나 빨리 달리기를 원했기 때문에 더욱더 빨리 달릴 수 있는 차들이 개발되었고, 그렇게 가장 빠른 자동차들의 경주가 바로 F1(Formula One) 경주이다. 초창기 F1 경주에서 빠른 자동차의 한계를 두지 않았지만, 이제는 선수 보호 차원에서 자동차 성능에 제한을 둔다. 따라서 우리가 더욱더 빠른 차량을 만들지 못해서 총알처럼 빠른 차를 볼 수 없는 것은 분명 아닌 것 같다.

자동차 경주의 최고봉 F1

　그렇다면 스타크래프트에서 가장 빠른 유닛은 무엇일까? 당연히 비행 유닛이 가장 빨라야 하겠지만, 재미있게도 업그레이드 벌처가 가장 빠르다. 이렇게 빠른 벌처에게는 어떤 일이 일어날 수 있을까? 일단 벌처가 일반 차량과 같이 바퀴로 움직이는 차량이 아니라는 것은 벌처 운전자에게 큰 행운이다. 만약 벌처가 바퀴가 달린 일반 자동차라면 이렇게 빨리 달리다가는 적군과 싸우기도 전에 부상당할 가능성이 크다. 다행히 부상을 입지 않는다고 하더라도 심한 흔들림으로 구토가 날 것이다. 벌처는 가장 빠른 유닛답게 맵을 종횡무진 누비고 다닌다. 이렇게 신나게 달리다가 적을 만나 갑자기 정지하게 되면 어떻게 될까? 비행기보다 빠른 속력으로 달리다가 갑자기 멈춰버리면 벌처를 타고 활약하는 테란의 영웅 짐 레이너는, 제대로 싸워보지도 못하고 부상을 당하거나 죽었을 것이다. 그렇지 않다면 매번 터지는 에어백을 처리하느라 정신없을 수도 있다. 급정거한 자동차와 벽에 부딪혀 멈춘 자동차에 어떤 차이가 있을까?

물론 벽에 부딪힌 차량은 심하게 부서지고 급정거한 차량은 무사할 것이라고 생각할 수 있다. 이렇게 생각하는 것은 급정거는 벽에 부딪히는 것과 비교하면 매우 긴 시간에 걸쳐 정지하는 것이기 때문이다. 흔히 사고 난 지점을 지나다 보면 타이어가 지면과 마찰에 의해 찢어진 흔적인 **스키드 마크(skid mark)**를 종종 볼 수 있다.

스키드 마크. 타이어가 지면과 마찰에 의해 찢어진 흔적이다. 급정거를 하거나, 급회전을 하는 등 지면과 타이어 사이에 마찰력이 커지면 이러한 현상이 생긴다.

충격력

운동량의 변화량을 충격량이라고 하며, 운동량의 변화량이 일정할 때 충격력은 충격을 받은 시간에 반비례한다. 따라서 긴 시간동안 멈추게 되면 운전자에게 전해지는 충격력이 줄어들지만 짧은 시간에 멈추게 되면 충격력이 크게 된다. 벽에 충돌했건, 트럭 꽁무니에 충돌했건 충격량은 같지만, 범퍼와 에어백을 설치하여 충격시간을 늘임으로써 충격력을 줄일 수 있다. 시속 100km로 달리다가 1분 만에 정지를 하든지 10초 만에 정지를 하든지 운동량의 변화는 같지만, 충격력은 10초 만에 정지했을 때가 훨씬 크다. 그렇기에 천천히 멈추는 것은 중요하다.

이는 자동차가 아무리 급정거를 하더라도 멈추는 데까지는 일정한 시간이 소요된다는 것을 나타낸다. 하지만 게임 상에서는 이렇게 빨리 달리던 벌처를 갑자기 멈추게 하는 일이 흔하게 발생한다. 이럴 때는 차량이나 운전자 모두 벽에 부딪힌 것과 같은 충격을 받는다. 즉, 차량이 달리다가 벽에 부딪혀 멈추거나 어떤 뛰어난 제동장치에 의해 멈추거나, 중요한 것은 멈추는 시간이라는 것이다.

속력이 변할 때 차량 운전자가 받는 **충격력**은 시간에 비례해서 작아진다. 번지 점프 줄이 튼튼하면

정지시간이 같으면 충격력도 같다.

〈브로큰 애로우〉 기차가 급정거 하자 기차에 실려있던 폭탄이 기차를 뚫고 튀어나온다.

서도 탄성을 가진 탄성체이어야 하는 이유도 바로 충격력을 줄이기 위해서이다. 영화 〈람보〉에서 람보는 경찰과 군인들에게 쫓겨 달아나다가 절벽에서 뛰어내리게 된다. 보통 영화에서는 절벽 아래에 물이 있을 경우가 많지만, 워낙 급박한 상황이라 물이 없는데도 불구하고 그는 뛰어내린다. 그리고 역시 람보답게 살아난다.

람보는 떨어지면서 나뭇가지에 몇 번씩 부딪혀서 충격력을 분산시킴으로써, 약간의 부상만 입고 살아날 수 있었던 것이다. 영화에서는 이러한 장면을 어렵지 않게 볼 수 있다. 건물에서 뛰어내렸더니 아래에 천막이나 쓰레기 트럭이 있는 경우가 여기에 해당한다.

갑자기 달리던 차가 멈추었을 경우에 또 생각해 보아야 할 것은 관성이다. 영화 〈브로큰 애로우〉에서 화물 열차가 갑자기 멈추자 열차에 실려 있던 폭탄이 날아가는 장면에서 갑자기 멈추었을 때 내부의 물체에 어떤 충격이 가해지는지 알 수 있다. 학생들에게 영화 〈글래디에이터〉에서 사용하는 투석기의 원리를 물으면 **탄성력**만 지적하는 경우가 많다. 물론 투석기는 활과 같이 탄성력을 이용한 기구임에는 틀림없다. 하지만 투석기가 탄성력 이외에 **관성**을 이용한 장치라는 것을 알고 있는 경우는 많지 않다. 투석기에 돌을 올리고 뒤로 잡아당기고 발사를 한 후 발사대가 수직으로 올라왔을 때 멈추어야 한다. 그렇지 않고 돌을 담은 채 반 바퀴를 회전해 버리면 돌은 날아가지 않고 투석기 앞에 처박히게 된다. 투석기를 자세히 보면 투석기 앞에 발사대를 멈추기 위한 가로대가 설치되어 있다는 것을 알 수 있다.

영화 〈형사 가제트〉에서 가제트는 스콜렉스가 탄 자동차를 가제트 모빌을 타고 쫓아간다. 스콜렉스의 자동차가 가까워지자 가제트는 운전대를 동료인 브렌다에게 맡긴 후 갑자기 브레이크를 밟게 한다. 그러자 가제트 모빌은 멈추지만 가제트는 자동차 앞으로 날아가 스콜렉스의 차에 박혀버린다. 영화 〈엑스맨〉에서 로그는 울버린에게 안전띠를 매라고 하지만 울버린은 말을 듣지 않는다. 그러다가 장애물 때문에 갑자기 정거하자 울버린은 차 밖으로 튕겨나가 부상을 당한다. 그렇다면 벌처가 달리다가 갑자기 멈춰 버리면 어떤 일이 생길까? 벌처의 운전자 또한 앞으로 날아가 버릴 것이다. 이러한 일을 방지하기 위해서 안전띠의 착용이 매우 중요하지만 벌처의 운전자는 안전띠가 없는 듯이 보인다 (물론 안전띠가 있지만 착용하지 않았을 수도 있다). 질럿의 천적인 벌처가 질럿을 잡기 위해 쫓아가다가 갑자기 나타난 드래군과 마주치면 도망가는 것이 상책이다. 그렇게 하기 위해서는 달리다가 갑자기 멈춰야 하는데, 그렇게 되면 운전자는 운전석에서 튕겨 날아가 질럿과 드래군 앞에 내동댕이쳐지게 될 것이다. 이럴 경우에는 차라리 적진에 뛰어들어 싸우는 것이 낫지 않을까?

그렇다면 급정거하는 것이 아니라 드래군 부대를 보고 놀라 급회전을 하는 것이 좋을 것이라고 할 수 있다. 물론 바퀴가 있는 차량이라면 전복될 가능성이 많겠지만, 다행히 벌처는 바퀴가 없는 호버 사이클이기 때문에 전복의 가능성은 많이 줄어든다. 또한 무게 중심이 낮게 설계된 차량이라면 전복의 위험을 더욱 줄일 수 있다.

이렇게 빨리 달리는 벌처에게 항상 불리한 점만 있는 것

총알보다 빠른 벌처는 명중시키기 어렵다.

은 아니다. 벌처가 비행기보다 빠르다는 이야기는 거의 총알의 속력에 필적할 만한 속력이라는 뜻이다. 2차대전 당시 한 영국군 조종사가 조종석 옆에 벌레인 줄 알고 잡았더니 독일군 총알이었다는 이야기가 있다. 물론 믿기 어려운 이야기이기는 하지만 가능한 이야기이다. 공기와의 마찰로 인해 속력이 어느 정도 줄어들었다고 하면 비행기와 총알의 속력이 비슷할 수도 있다. 벌처가 비행기보다 빠르기 때문에 광선 무기가 아닌 다음에는 벌처 꽁무니를 보고 쏘면 벌처를 맞힐 수 없다. 지상에서 비행기를 쏘는 대공 사격의 경우 비행기를 조준해서 쏘게 되면 비행기를 맞힐 수 없다. 따라서 비행기의 진로를 예상해서 사격을 하게 된다. 벌처의 경우에도 벌처의 진로를 예상해서 쏘지 않으면 안 된다. 물론 광선 무기의 경우에는 벌처가 빠르다고는 하지만, 빛의 속도에는 비할 바가 못 되기 때문에 상관이 없다.

질량이 큰 물체는 관성이 크다.

이와 같이 바퀴로 달리는 일반 차량이 아닌 호버 사이클인 벌처는 빨리 달릴 수는 있지만, 일반 도로가 아닌 곳에서 미친 듯이 빨리 달리다가는 절벽에 충돌하거나 언덕 아래로 떨어질 가능성이 많다. 물론 지면이 고르지 않은 지형에서 빠르게 달리더라도 큰 충격을 받지 않기 때문에 자동차가 가지는 문제점은 해소할 수 있다. 사실 이렇게 빨리 달리는 호버 사이클의 경우 자동차라기보다는 비행기에 가깝다. 순간적으로 방향을 바꿀 경우 차량 운전자에게 가해지는 충격력에 대한 문제점은, 스타크래프트 벌처뿐만 아니라 유닛 전체에 대한 문제점이다. 거대한 울트라리스크가 달리다가 어떻게 순간적으로 정지한다는 말인가?

운전자의 안전이 확보되었다면 직각으로 꺾어지는 조종이

가능할까? 현대 물리학의 법칙으로는 180° 는 고사하고 90°
로 꺾어져 비행하는 물체도 만들 수 없다. 직각 비행이라는
것은 순간적으로 거의 무한대의 힘이 작용했다는 의미인데,
무한대의 힘이라는 것은 존재하지 않기 때문이다. 따라서 스
타크래프트에서 유닛이 갑자기 방향을 바꾸는 것은, 게이머
의 컨트롤상의 문제가 아니라 실제로는 기술상의 문제이다.

여기서 잠깐!

히드라리스크의 등뼈와 골프공

히드라리스크는 자신의 등뼈를 발사하여 적에게 손상을 입힌다. 흔히 히드라리스크의 사정거리 업그레이드로 불리는 '홈이 파인 등뼈(grooved spines)' 기능은 히드라리스크의 바늘 등뼈를 변형시켜 더 멀리 날아갈 수 있게 하는 역할을 한다. 즉, 골프공의 딤플처럼 홈을 만들어 더 멀리 날아가게 한다는 것이다. 널리 알려진 바대로 초창기의 골프공에는 홈이 없었으나, 거친 표면을 가진 골프공이 더 멀리 날아간다는 사실이 우연히 알려지면서, 골프공에 딤플을 넣기 시작했다. 날아가는 물체가 받는 공기 저항은 **형성 저항**과 **마찰 저항**이 있는데, 딤플이 있는 공은 형성 저항을 크게 줄여줌으로써 더 멀리 날아갈 수 있게 한다. 형성 저항은 물체 뒤쪽에 난류가 발생함으로써 생기는 저항인데, 딤플이 난류의 발생을 줄여주는 역할을 한다. 또한 딤플을 가진 골프공이 회전하게 되면 마치 비행기가 날개 모양에 의해 양력이 발생하듯이 떠오르는 힘을 받아 더욱더 멀리가기도 한다. 하지만 홈이 파인 공이 멀리 가는 것은 속력이 어느 정도 빠를 때 이야기이며, 총알같이 빠른 물체는 매끄러운 표면을 가져야 더 멀리 간다. 따라서 히드라리스크의 등뼈도 비행기를 쏠만큼 멀리 가야 한다면, 홈이 있는 것이 아니라 오히려 매끄럽게 만들어야 한다.

헥헥~
얼마나 긴거야

누가 누가 멀리 쏘나?

시지 탱크의 시지 모드

테란의 시지 탱크는 자주포와 탱크의 장점을 모두 가진 강력한 무기이다. 시지 탱크(Siege tank)는 사정거리가 길고, 공격력이 높아 시지 탱크의 조이기나 방어선은 뚫어내기가 여간 까다롭지 않다. 이와 같은 시지 탱크가 가진 유일한 단점은 시지 모드와 탱크 모드를 바꿀 때 시간이 걸린다는 것이다. 또한 시지 모드로 방어를 하고 있다고 안심할 수 없는 것은 질럿이나 저글링이 신속하게 접근하여 근접 공격을 하면 낭패를 볼 수 있기 때문이다. 예나 지금이나 좋은 무기가 갖추어야할 조건은 같다. 긴 사정거리, 높은 파괴력, 정확성이 그것이다. 스타크래프트에서 정확성은 언덕 아래에서 위를 쏠 때 50% 떨어지고, 나머지는 거의 정확하다. 따라서 승리를 위해서는 긴 사정거리를 가진, 공격력이 높은 시지 탱크와 같은 무기가 필요한 것이다. 그렇다면 시지 탱크는 어떻게 멀리까지 포탄을 쏠 수 있는 것일까?

● **대포와 포물선 운동**

대포의 기원을 따진다면 투석기, 탱크의 기원을 따진다면 말이 끄는 전차가 될 것이다. 투석기는 탄성력을 이용하여 돌을 멀리까지 쏠 수 있기 때문에 특히 공성전에서 그 위력을 발휘했다. 성 위에서 쏘는 활의 사정거리를 벗어난 곳에서 큰 돌이나 불덩어리를 성으로 넘기는 것이 매우 유용한 공격 수단이었음은 틀림없다. 바퀴에 칼날을 장착하고

투석기

투석기는 엄청난 사거리와 파괴력으로 인하여 역사상 최고의 살상 무기의 하나였다. 투석기는 최초의 생물학 무기의 하나이기도 한데, 전염병에 걸린 사체를 성 안으로 투척함으로써 전염병을 확산시켜 적을 굴복시키기도 했다.

시지탱크

활을 쏘며 맹렬히 돌진해오는 전차는 보병들에게 공포의 대상이었다.

　화약이 발명되기 전까지 돌이나 화살을 멀리 쏘는 데 이용되는 힘은 탄성력이 유일했다. 화약은 이러한 물리적인 힘을 이용한 무기에 종지부를 찍는 역할을 했다. 투석기가 아무리 거대하다고 한들 대포의 사정거리에 비할 바가 아니기 때문이다. 대포는 고체 상태의 화약이 폭발에 의해 기체 상태로 바뀌면서 부피가 팽창할 때의 팽창력을 이용한 것이다.

자주포

　화약을 이용한 무기인 총과 포는 구경에서만 차이가 날 뿐 발사되는 원리는 동일하다. 포라고 해서 무조건 큰 것은 아니며, 보병이 휴대하고 다닐 수 있는 박격포와 같은 작은 포도 있다. 시지 탱크를 흔히 자주포와 탱크의 결합이라고 하는데, 자주포는 무엇일까? 대포는 보병을 지원하면서 멀리 있는 적을 공격할 때는 좋지만 이동이 쉽지 않다는 문제점이 있었다. 이에 무한궤도 차량에 대포를 장착하여, 말 그대로 '스스로 움직일(自走)' 수 있는 자주포가 탄생한 것이다. 자주포는 탱크보다 사정거리가 길지만 달리면서 사격을 할 수 없다. 그래서 시지 모드와 탱크 모드의 변형을 통해 시지 탱크는 자주포와 탱크의 역할을 모두 수행하게 된다.

　대포는 일반적으로 포신이 길면 힘을 받는 시간이 늘어나 더 멀리까지 포탄이 날아가기 때문에 미사일이 등장하기 전까지 대포는 거대해지는 경향성을 띠고 있었다. 이러한 경향성의 절정에 있는 것이 바로 일본 군국주의의 상징이었던 전함 야마토(大和)였다. 야마토에 있는 대포의 구경은 460mm로 다른 대포는 아예 상대가 되지 않을 거포였다. 이러한 거

야마토 캐논

일본 해군의 힘의 상징이었던 야마토는 스타크래프트에도 야마토 캐논이라는 배틀크루저의 주요 무기로 화려하게 다시 부활한다. 스타크래프트에서도 핵무기를 제외하고는 단일 무기로는 가장 큰 파괴력을 자랑하는 것이 바로 야마토 캐논이다. 물론 배틀크루저의 야마토 캐논은 포탄을 사용하지는 않는다.

포는 배와 같이 거대한 동력을 제공할 수 있는
이동수단이 없으면, 필요한 곳에 사용하기 곤
란하였기 때문에 함포(艦砲)에 사용되는 것이
일반적이었다. 물론 독일이 프랑스 파리를 공
격하기 위해 제작했던 거포(베르타포 또는 빅
베르타라고 불렀다)는 기차로 운반하였지만,
어쨌든 분해하지 않는다면 일반적인 차량으로
는 운반할 수 없을 정도로 거대했다.

전함 야마토

처음 대포가 등장하였을 때 **아리스토텔레스(Aristoteles)**
의 생각을 신봉했던 많은 사람들은 포탄이 포물선 운동을
한다고 생각하지 않았다. 그들은 포탄이 날아가다가 힘이
떨어지면 수직으로 떨어진다고 생각했다. 즉, 아리스토텔
레스의 생각을 신봉했던 사람들은 포탄이 날아가는 것
은 화약의 힘에 의한 **강제운동**을 하기 때문이며, 이 힘
이 바닥나면 모든 물체가 고향을 찾아가려는 **자연운동**
을 하기 때문에 아래로 떨어진다고 생각하였다. 지구
의 중심으로 떨어지는 것은 물체가 원래의 고향을 찾아
가는 운동이기 때문에 자연스러운 운동이라고 생각했던 것

이다. 이외의 운동은 자연스럽지 않은 운동으로 물체가 움
직이기 위해서는 어떠한 원인의 제공자인 기동자가 필요했
다. 활에서는 활시위가, 대포에서는 화약이 기동자의 역할
이었던 것이다. 물체를 강제운동 시켰던 동인이 사라지면
물체는 바로 자연운동을 하게 된다고 아리스토텔레스는 설
명했다. 이 설명에 의하면 활시위를 떠난 화살은 동인이 제
거되었기 때문에 아래로 바로 떨어져야 한다. 하지만 화살
은 멀리까지 날아간다. 이 문제를 해결하기 위해 아리스토
텔레스는 화살 앞의 공기가 뒤로 돌아 화살 뒤를 밀기 때문

아리스토텔레스의 운동법칙
아리스토텔레스의 운동법칙에 의하면
물체는 한번에 한 가지 운동을 할 수
있어 강제운동이 끝나면 자연운동을
한다고 생각했다. 그는 이 자연의 힘
을 기동자(mover)로 생각하고 그것
이 물체 내부에 있는가 혹은 외부에
있는가에 따라 운동을 크게 자연운동
(natural motion)과 강제운동(violent
motion)으로 나누었다 (양승훈 외,
1996).

이라는 설명을 했다. 하지만 이러한 설명은 또 다른 문제를 야기했다. 즉, 물체의 속도가 매질의 밀도에 반비례한다는 그의 설명과 맞지 않았던 것이다. 아리스토텔레스의 이론은 이러한 많은 문제점을 안고 13세기까지 흘러갔다.

프랑스의 **뷔리당(Jean Bruidan)**과 **오렘(Nicole Oresme)**은 **임페투스(impetus)** 이론을 부활시켜 아리스토텔레스 이론의 잘못을 지적했다. 임페투스는 뉴턴 역학의 관점으로 본다면 **운동량(질량×속도)**과 비슷한 개념으로 물체가 운동하는 것을 물체에 임페투스가 부여되었기 때문이라고 설명을 했다. 즉, 임페투스가 사라지면 물체가 정지한다는 식이었다. 물론 모든 과학자가 포탄의 운동을 임페투스적인 관점에서 바라본 것은 아니고, 레오나르도 다빈치나 수학자 **타르탈리아(Niccolo Tartaglia)**와 같은 경우에는 포탄이 **포물선 운동**을 한다는 것을 알고 있었다.

그렇다면 포탄이 포물선 운동을 하는 이유는 무엇일까? 그것은 포탄에 중력이 작용하기 때문이다. 만약 포탄에 아무런 힘도 작용하지 않는다면 포탄은 직선 운동을 하게 될 것이다. 중력은 바로 이 직선 운동을 하는 물체에 힘을 가하여 운동 방향과 속력을 바꾸는 역할을 한다. 즉, 힘은 물체의 운동 상태에 영향을 준다. 힘의 방향은 운동 방향과 같을 수도 있고 아닐 수도 있다.

시지 탱크가 시지 모드를 해야 하는 이유를 생각해 보자. 시지 모드는 포신을 높이고 탱크를 지면에 고정시킨 형태를 말한다. 멀리 쏘기 위해서는 얼마의 각도로 쏘아야 할까? 흔히 알고 있는 것 같이 45°로 쏠 경우 가장 멀리 간다고 생각하기 쉬운데, 실제로는 그렇게 되지 않는다. 이는 공기의 저항 때문인데, 그래서 45°보다 조금 낮은 각도일 때 더 멀리

임페투스

간혹 임페투스를 관성이나 운동량이라고 번역하는 경우가 있는데 과학 개념과 혼동을 줄 수 있기 때문에 기동력으로 번역하여 사용하는 것이 좋을 듯하다.

간다(야구공의 경우 35°로 쳤을 때 가장 멀리 날아간다). 하지만 독일의 거대한 장거리포의 경우에는 오히려 각도를 더 높여 발사하는데, 이 또한 공기의 저항을 줄이기 위한 것이다. 즉, 이 포탄들은 공기의 저항이 많은 대기권을 벗어나 성층권을 지나가기 때문에 일반 포탄보다 훨씬 멀리 날아갔던 것이다.

뉴턴과 힘

뉴턴이 나타나기 전 오랜 세월 동안 운동에 대해 정확한 이해가 힘들었던 것은 바로 운동 방향을 힘의 방향으로 생각하여 생기는 '오개념' 때문이었다. 물체를 위로 던졌을 때 아래 방향으로 중력이 작용하기 때문에 물체는 점점 속력이 느려진다. 이때는 힘의 방향과 물체의 운동 방향이 반대이다. 최고점에 도달한 물체는 다시 아래로 운동하게 되는데, 이때는 운동 방향과 힘의 방향이 같게 된다. 물체가 굴러가다가 멈추는 것은 마찰력 때문인데, 마찰력은 항상 물체가 운동하는 반대 방향으로 작용한다.

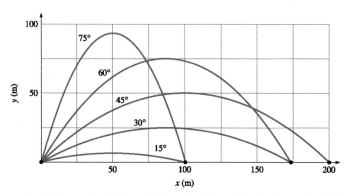

공기의 저항을 고려하지 않았을 경우에는 45°로 발사한 물체가 가장 멀리 날아간다.

여기서 잠깐!

거대한 탱크 움직이기

탱크가 왜 바퀴를 달지 않고, 무한궤도를 선택했을까? 비포장도로를 잘 달리는 지프는 일반 승용차와는 달리 사륜구동이다. 이는 한쪽 바퀴가 수렁에 빠져도 나머지 바퀴로 운전 가능하기 때문이다. 만약 탱크가 바퀴를 달고 나타났다면 그 비효율성으로 인하여 지상 전투에서 지금처럼 중요한 위치를 차지하지는 못했을 것이다. 탱크는 두꺼운 철갑을 두르고 있고, 또한 거대한 포와 포탄을 싣고 있기 때문에 엄청나게 무겁다. 이러한 엄청난 무게 때문에 강력한 엔진과 많은 연료가 필요해 더욱더 무거워

질 수밖에 없다. 이렇게 무거운 물체가 바퀴로 움직일 경우 땅이 무르다면 쉽게 진창에 빠져 버릴 것이고, 방해물이 있으면 쉽게 넘어가지도 못한다. 이러한 문제점을 해결하기 위한 것이 바로 무한궤도인 것이다. 물론 바퀴 대신 무한궤도를 장착한다고 해서 무게가 줄어들지는 않는다. 하지만 지면에 대한 **압력**은 줄일 수 있다. 압력은 무게를 접촉 면적으로 나누어 준 것이기 때문에 접촉 면적이 늘어날수록 압력은 줄어들 수밖에 없다. 또한, 지면과의 접촉면이 넓기 때문에 특정 부분이 구덩이에 빠져도 나머지 부분으로 이동이 가능하다. 탱크뿐만 아니라 공사현장에 사용하는 포크레인과 같은 중장비도 이러한 이유로 무한궤도를 사용한다.

꼭꼭 숨어라~ 머리카락(?) 보인다

스파이더 마인과 럭커

갑자기 튀어 올라온 스파이더 마인(Spider Mine)에 비싼 유닛인 드래군이 죽거나 공격을 가하던 저글링들이 죽어 버리면 공격의 기세는 꺾여버리고 분위기는 반전되어 버린다. 보이지 않는 럭커(Lurker)는 디텍팅 유닛이 나오기 전까지는 공포의 대상이다. 이와 같이 스파이더 마인과 럭커는 땅 속에 숨어서 갑자기 적을 공격한다는 점에서는 공통점이 있는 듯하다. 하지만 럭커의 경우 다크템플러와 같이 투명 유닛은 공격하지 못하는 반면, 스파이더 마인은 보이지 않는 유닛도 공격이 가능하다. 따라서 스파이더 마인과 럭커는 작동 원리가 같지 않다고 할 수 있다. 그렇다면 럭커와 지뢰는 어떻게 땅 속에서 발각되지 않고 지나가는 유닛들을 공격할 수 있을까?

● **토양**

부루더 워에서 새롭게 등장한 저그의 유닛인 럭커는 공격과 방어에 매우 유용한 유닛이다. 럭커는 땅 속에서 공격함으로써 적이 디텍팅 기술을 동원하지 않는 한 발각되지 않고 적을 공격할 수 있다. 초반에 디텍팅 기술이 취약한 테란의 경우, 스탑 럭커(stop lurker)에 걸려 봉변을 당하게 되면 게임을 놓치는 결과를 초래하게 된다. 저그는 다급해 지면 땅 속으로 숨어버리는 땅파기(버로우 burrow) 기술을 사용하기도 한다. 일단 땅파기를 해서 숨어 버리면 디텍팅 유

 스탑 럭커

좀더 많은 적의 유닛이 사정권에 들어올 때까지 공격을 하지 않고 멈추는 행위를 일컫는 게임 용어. 실제 전투에서 정찰병을 활용하는 것도 이렇게 매복에 의한 피해를 줄이기 위한 것이다. 물론 게임에서도 정찰의 중요성은 줄어들지 않는다

럴커

닛이나 기술이 없으면 찾을 수 없다. 즉, 자기 발밑에 저그의 유닛이 숨어 있어도 찾을 수 없다는 것이다. 하지만 실제로는 디텍팅 기술이 없어도 땅파기를 해서 숨은 유닛을 찾을 수 있다. 무덤을 만들 때 보면 알 수 있지만, 땅을 팠다가 다시 그대로 덮는다고 하더라도 그 자리는 흔적이 남는다. 즉, 땅이 부풀어 올라 부피가 증가한 듯이 보이는 것이다. 이것은 흙 사이의 간격이 증가했기 때문인데, 압력을 가해서 충분히 다져주지 않으면 당연히 부풀어 오르게 된다.

암석과 **토양**은 빈틈없이 흙으로 가득 차 있지 않다. 그렇기 때문에 물이 땅 속으로 스며들 수 있다. 이와 같이 암석과 토양을 이루는 입자 사이의 틈을 **공극(Pores)**이라고 한다. 암석과 토양 전체의 부피에서 공극이 차지하는 비율을 **공극률(porosity)**라고 한다. 흙 사이의 틈이 뭐가 그리 중요한가 라고 생각할 수 있겠지만, 공극률에 의해 토양의 물리적 성질이 결정되기 때문에 매우 중요한 요소가 된다.

공극률은 암석의 종류, 입자의 크기, 입자의 배열 방법 등에 의해 달라진다. 입자가 고르면 공극률은 입자의 크기에 관계없이 같다. 하지만 일반적으로 입자가 작으면 공극이 작은데, 이것은 입자의 크기가 균일하지 않기 때문이다. 따라서 공극률이 높다는 것은 입자가 고르다는 것을 뜻한다.

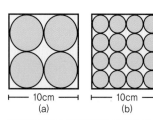

10cm	10cm
(a)	(b)

입자의 크기가 일정하다면 입자가 큰 토양과 작은 토양의 공극률이 같다.

토양의 공극은 공기 또는 액체로 채워져 있는데, 특히 액체의 통로로 중요한 구실을 한다. 공극이 있어야 식물의 뿌리가 호흡을 할 수 있으며, 토양 중에 사는 생물의 서식 공간으로 활용될 수 있다. 토양이 물을 통과시키는 능력을 투수성이라고 한다. 투수성은 토양 입자의 크기가 크면 크기 때문에 자갈로 된 토양이 모래보다 투수성이 크다. 토양은 모세관 현상에 의해 깊은 곳의 물이 지표 근처로 올라오게 되는데, 입자 사이의 틈이 작으면 모세관 작용도 크다.

토양은 압력에 의해 공극이 줄어 있는 상태이다. 이 땅을 파헤치게 되면 흙의 부피가 증가하는 것은 공극률이 커졌기 때문이다. 럴커를 비롯한 저그의 유닛들이 버로우를 하게 되면 자신의 부피뿐 아니라, 공극이 증가한 토양의 모양 때문에 적에게 발각이 되고 만다.

문닫이거미(Trap-Door Spider)라고 불리는 거미가 럴커와 이미지가 비슷할 것이다. 이 녀석은 깔때기 모양의 함정을 판 후, 뚜껑을 덮고 곤충이 지나갈 때를 기다렸다가 잽싸게 잡아서 굴로 끌고 온다.

다크템플러가 럴커에게 잡히지 않는다는 것은 럴커가 진동이나 적외선으로 적을 찾는 것이 아니라 눈으로 보고 판단한다는 것을 의미한다.

먹이를 잡는 문닫이거미

이와는 달리 스파이더 마인의 경우에는 눈에 보이지 않는 다크템플러까지 찾아내서 공격을 한다. 따라서 스파이더 마인의 경우 별도의 감지기(적외선 감지기와 같은 것을)가 부착되어 있어야 한다. 게임에서는 진동 감지 또는 압력 감지형 무기로 설명이 되어 있기 때문에 비행 유닛은 물론이고 일꾼이나 벌처와 같이 지상을 떠다니는 유닛에게는 반응을 하지 않는다.

스파이더 마인은 디텍팅 유닛이나 스캔이 있어야 찾을 수 있다.

우이씨···
나도 여왕
인데···

부럽다···

여왕님의
귀여운 아기들

패러사이트, 인페스테이션, 스폰 브루들링스

애니메이션 〈개미〉에서 여왕개미는 개미 세계의 통치자이자 번식을 담당하는 가장 중요한 개체로 묘사가 된다. 영화 〈에이리언4〉의 에이리언도 퀸의 이미지와 비슷하다. 이와 같이 일반적으로 퀸은 번식을 담당하는 개체이지만, 저그의 퀸(Qeen)은 새끼를 낳지는 않는다. 기껏 낳는다는 것이 부루들링이나 감염된 테란과 같이 이상한 것(?)들 뿐이다. 마치 체스에서 퀸이 가장 강력한 말이듯이 저그의 퀸 또한 그 이름값을 톡톡하게 하는 강력한 유닛이다. 퀸은 테란의 사이언스 베슬에 견줄 수 있는 화려한 기술들을 가지고 있다. 퀸이 지고 있는 게임을 순식간에 역전시킬 수 있는 강력한 유닛은 아니지만, 적의 값비싼 유닛을 한번에 제압할 수 있는 독특한 유닛이다.

● **패러사이트(Parasite) : 아름다운 공생?**

저그는 오버로드를 통해서 초반부터 투명 유닛을 디텍팅할 수 있다. 오버로드의 디텍팅 기능은 생물들의 뛰어난 감각능력을 생각하면 당연하다고 할 수 있다. 초반에 이동 속도가 느리다는 점을 제외하면, 오버로드는 매우 유용한 유닛이다. 오버로드는 테란의 마린, 프로토스의 드래군이 생산되기 전까지는 적의 기지를 훤히 볼 수 있기 때문이다. 하지만 후반으로 넘어가면서 오

패러사이트를 옵저버에게 걸면 디텍팅 기능까지 얻을 수 있다.

버로드를 통한 적의 감시는 사실상 어렵다. 대부분 자신의 기지를 방어하기 위해 대공방어를 하기 때문에, 오버로드를 적의 기지에 함부로 쑤셔 넣었다가는 그냥 죽을 수 있기 때문이다. 따라서 오버로드의 희생을 감수하면서도 적의 기지를 보려하지 않는 이상 볼 수 없다. 물론 자원이 풍부한 무한 맵의 경우 오버로드 한 두기쯤은 아쉽지 않을 수 있다.

하지만 유한 맵일 경우 오버로드를 함부로 낭비하기 어렵다.

따라서 후반에는 마법 유닛을 활용해서 적의 기지를 엿보는 것이 좋다. 이렇게 적의 기지를 엿보는 기능을 가진 것이 바로 퀸이다. 퀸은 패러사이트를 적의 유닛에게 걸어줌으로써 적 유닛의 눈을 통해서 적을 염탐할 수 있다. 패러사이트는 **기생충**이라는 뜻으로, 패러사이트에 감염이 되었다는 것은 기생충에 감염되었다는 의미이다. 패러사이트는 생물 유닛뿐만 아니라 기계화 유닛에도 사용 가능하며, 심지어는 중립 생물도 감염시킬 수 있다. 또한 디텍팅 유닛인 오버로드나 사이언스 베슬에 걸게 되면 그들이 볼 수 있는 것을 나도 볼 수 있기 때문에 매우 유용하다.

패러사이트에 감염된 유닛이 내 기지에 있게 되면 내 기지가 계속 감시되기 때문에 작전에 어려움이 많다. 따라서 이러한 유닛은 전투의 선봉에 세우든지 적의 기지로 찔러 넣어서 장렬한 최후를 마칠 수 있게 배려(?)하기도 한다.

기생충은 다양한 동물에게 기생하지만 각각의 기생충들은 선호하는 동물이 있는 것이 일반적이다. 흔히 기생충이라고 하면, 회충이나 편충과 같은 기생연충을 떠올리는 경우가 많다. 하지만 기생충에는 말라리아병원충과 같은 기생

기생벌

연충과 기생벌과 같은 기생곤충도 있다. 기생충은 이와 같은 정도의 종류들이 있지만 기생생물들은 훨씬 많다. 대부분의 전염성 질병들은 기생생물들에게 감염이 된 것이다. 따라서 기생생물에 감염되어서 숙주가 되어 보지 않은 사람은 없다고 해도 과언이 아니다.

숙주를 죽음으로 몰아가는 작전은 기생충에게도 득이 되지 않는다. 숙주가 죽게 되면 또 다른 숙주를 찾아나서야 하기 때문이다. 따라서 많은 기생충들은 숙주를 죽이는 것이 아니라 영양분을 나누어 가지는 작전을 취하는 것이 많다 (물론 숙주가 기생충에게 양분을 나누어 주고 싶어서 주는 것은 아니다). 하지만 어떤 기생충들은 숙주에게 암과 같이 치명적인 피해를 줄 수 있다고 의사들은 경고한다. 기생충은 입이나 피부를 통해 숙주를 감염시킨다.

숙주를 죽이는 것은 기생충에게도 도움이 되지 않는다.

해외여행이 많아지면서 태국과 같은 아열대 지방에서 유충 피부 유주증에 걸려 병원을 찾는 환자들이 꽤 있다. 이 기생충은 해변의 모래에 피부 접촉을 할 경우에 감염이 된다. 피부가 가렵고, 기생충이 피부를 돌아다니기 때문에 피부에 꾸불꾸불한 선이 나타나는 것이 특징이다. 마치 영화 속의 한 장면 같이 피부 속을 기어 다닌다는 것이 섬뜩할 뿐, 구충제로 간단히 치료가 되기 때문에 무서운 녀석은 아니다. 하지만 모든 기생충 감염이 이렇게 간단하게 구제되는 것은 아니다. 편형동물의 한 종류인 **흡충**은 소화관과 입에 흡반이 붙어 있는 단순한 생물이다. 하지만 이 녀석에 감염되면 인체의 여러 장기에 손상을 입을 수 있어, 당뇨나 치매와 같은 무서운 병에 걸릴 수 있다. 하루에 알을 20만 개나 낳기 때문에 세계 최고의 번식가로 알

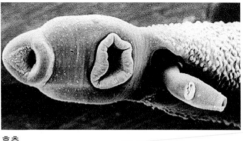

흡충

려진 **회충**은 출혈성 폐렴이나 복통을 일으킨다. 야간에 몰래 몸에서 나와 항문 주위에 알을 낳는 요충은 발견이 쉽지 않다. **요충**에 감염이 되면 신경질적이 되고 주의력이 부족해 성적이 떨어지는 경우도 있다. 내 사이언스 베슬이 패러사이트에 걸리면 짜증이 나는 것도 이 때문일까?

지금 우리 몸에는 엄청나게 많은 수의 기생충들이 있지만 우리는 이를 의식하지 못하는 경우가 많다. 스타크래프트에서도 패러사이트에 걸린 유닛의 체력이 떨어지지 않는 것은 바로 기생충에 감염이 되었지만, 특별한 자각 증세가 없는 경우에 해당한다고 할 수 있을 것이다. 하지만 기생충이 숙주를 조종하는 것은 숙주의 눈을 통해서 보고 느낀다는 것이 아니라, 화학물질의 분비에 의해 그들의 행동을 변화시킨다는 것이다. 따라서 사이언스 베슬에 패러사이트가 걸린다고 베슬의 디텍팅 기능까지 얻게 되는 것은 아니다.

기생충이 생물체이기 때문에 기계화 유닛에는 패러사이트가 걸리기 어렵다고 생각할 수 있다. 하지만 **데술포비브리오(Desulfovibrio)**와 같이 철을 먹는 미생물이 있기 때문에 장갑에 붙어사는 생활이 불가능하지만은 않다. 물론 이때에는 탱크가 생물체가 아니기 때문에 화학 물질을 분비한다고 해서 탱크를 조종할 수는 없다. 철을 먹는다고 해서 철만 먹는 것이 아니라, 철을 통해 생활에 필요한 에너지를 얻는다는 뜻이다. 철을 먹는 미생물도 모두 유기물로 이루어져 있기 때문에 철만 먹어서는 생활을 할 수 없다. 철을 먹는 미생물이 아니라면 빨판을 가진 기생생물이 장갑에 붙어서 오버로드에게 상황을 보고 하는 것은 아닐까?

퀸에 의해 감염된 커맨드 센터

● 인페스테이션(Infestaion) : 기생충 감염을 통한 숙주의
조종

퀸의 가장 놀랍고 두려운 기술 중의 하나는 인페스
테이션 즉, 감염일 것이다. 테란이 커맨드 센터
(Command Center)를 감염에 의해 잃는 다는 것은 참
으로 자존심 상하는 일이다. 퀸의 감염은 테란에게는 치
명적이지만 저그에게는 상당히 이롭다. 이와 같이 숙
주를 조종하여 자신에게 이익이 되는 행동을 하게 하는
녀석이 자연에 존재한다. 이렇게 기생충에 의해 숙주의 행
동이 조종당하는 것을 **숙주 조작**(host manipulation)이라
고 한다. 소나 양 같이 초식동물에게 기생하는 창형흡충은
개미와 초식동물 사이를 오가는 생활을 한다. **창형흡충**에 감
염된 개미는 자신의 의지와 상관없이 풀잎 위로 올라가 소나
양에게 먹힌다. 이것은 창형흡충이 개미의 신경계에 침투하
여 그들의 행동을 조종하기 때문이다.

생활 단계에 따라 숙주를 옮겨 다니는 이러한 기생충의 예
는 많이 있다. 기생충에 감염된 달팽이가 갈매기에게 발견되
기 쉬운 위치로 나오는 경우나 기생충에 감염된 새우가 물
위로 올라와 잡혀 먹히는 경우도 그러하다. 아주
극단적인 경우에는 광견병 바이러스에 걸린 개와
같이 흉폭한 성격을 가지게 해 사람이나 다른 개
를 물게 하여 숙주를 옮겨 다니는 녀석도 있다. 이
때문에 드라큘라가 광견병에 걸린 사람의 이야기
라는 주장이 설득력을 갖기도 한다. 그렇다고 하
여 영화 〈레지던트 이블〉에서와 같이 죽은 상태에
서 사람을 잡아먹기 위해 돌아다니게 조종할 수
는 없다(시체는 시체일 뿐 바이러스에 감염되었

〈레지던트 이블〉 엄브렐러사의 T-바이러스는 사람을
좀비로 만든다.

톡소 포자충에 감염된 쥐는 고양이를
두려워하지 않는다.

다고 해서 돌아다니지는 못한다).

톡소포자충은 쥐를 조종하여 심지어 고양이에게도 두려움을 느끼지 않게 만들어 버린다. 이러한 쥐를 잡아먹은 고양이는 톡소포자충에 감염이 되고, 이 고양이의 분변에 의해 톡소포자충이 인체에 감염되는 경우도 있다. 그래서 임산부가 있는 집에는 고양이를 키우지 않는 것이 좋다.

기생충의 무서움은 여기서 끝나지 않는다. **울바키아 (wolbachia)**라는 세균의 경우에는 숙주의 진화에도 관여하는 것으로 나타났다. 즉, 울바키아에 감염된 개체끼리만 수정이 가능하게 함으로써, 감염이 되지 않은 개체는 번식의 기회를 박탈당하게 된다. 또한 성별까지 바꾸어 버리는 경우도 있다.

하지만 어떤 종류의 기생충은 숙주를 보호하기도 하는데, 이는 숙주가 죽어버리면 자신에게도 피해가 오기 때문이다. 즉, 숙주를 포식자로부터 대피하도록 조종하는 기생충도 있다.

● **스폰 브루들링스 (spawn broodlings) : 잔인한 기생말벌**

시지 탱크로써 철통같이 방어를 하고 있는데, 이상한 소리와 함께 한대의 탱크가 사라지고 옆에 있는 탱크가 공격당하는 것을 보면, 탱크가 아까운 것보다 허탈한 마음이 앞선다. 퀸의 브루들링 낳기 기술은 퀸에서 발사한 홀씨가 탱크의 장갑을 뚫고 들어가 조종사의 내부에서 기생하고 탄생한다. 이는 영화 〈에이리언〉시리즈에서 에이리언의 번식 방법과 흡사하다.

게임이나 영화 속이 아니라 실제로도 이렇게 번식하는

퀸이 던진 홀씨에 의해 두마리의 브루들링이 태어난다.

생물체가 있는데 그것이 바로 기생벌이다. 기생벌의 경우 다른 곤충(같은 기생벌에 기생하는 녀석도 있다)의 유충이나 번데기에 알을 낳으면 알이 숙주의 몸속에서 부화하여 기생을 하게 된다. 기생벌의 이러한 번식법은 매우 잔인하게 느껴지지만, 해충을 없애는 데 중요한 역할을 한다. 기생벌의 경우에는 직접 숙주가 될 애벌레를 찾아다니지만, 다른 많은 기생충의 경우 숙주를 조종하여 최종 숙주에게 먹히게 함으로써 자신의 목적을 달성하는 방법을 사용한다.

흔히 건강식품으로 알려져 있는 **동충하초(冬蟲夏草, vegetable worms)** 또한 숙주를 죽이고 그 속에서 자라나는 생물이다. 동충하초는 겨울에는 곤충의 모양이고 여름에는 풀의 모양을 가지고 있다고 해서 붙여진 이름으로 곤충이 아니라 버섯의 일종이다. 유충이나 성충 등 곤충의 일생에 걸쳐 침입이 가능하며, 곤충의 몸을 숙주로 자실체를 형성하는 곤충계의 저승사자가 바로 동충하초이다.

기생충과 의술의 상징

의사들의 가운이나 앰블런스에 보면 마치 두 마리의 뱀이 지팡이를 감고 올라가는 모양의 문양을 볼 수 있다. 이것은 일반적으로 의술의 상징인 카두세우스(caduceus) 문양으로 아폴로 신이 의약의 신인 에스큘레이피어스(또는 아폴로 신의 전령인 헤르메스라는 이야기도 있다)에게 선물한 마술 치료봉이라고 이야기 된다. 하지만 많은 기생충 학자들과 사학자들은 이 문양이 막대를 휘감고 올라가는 메디나충(Dracunculus medinensis)을 나타낸다고 믿고 있다. 즉, 이것은 메디나충을 치료하는 방법을 나타낸다는 것이다. 메디나충을 억지로 끄집어 내려고 하다가 끊어지면 나머지 부분이 몸에서 염증을 일으키기 때문에 위험하다. 이러한 메디나충의 치료법이 바로 메디나충이 막대기를 따라 기어 나오게 하는 것이었고, 이것이 이 문양의 모양과 흡사하다는 것이다.

하하하
풍선이
3개다~

날아라 슈퍼보드 !

뮤탈리스크, 오버로드와 가디언, 드랍쉽

스타크래프트에는 여러 종류의 비행 유닛이 등장한다. 저그에는 오버로드(Overlord)와 스파이어(Spire)에서 생산되는 유닛인 스컬지(Scourge), 뮤탈리스크(Mutalisk)가 비행 유닛이다. 또한 뮤탈리스크가 변태한 유닛인 가디언(Guardian)과 디바우러(Devourer)도 비행 유닛이다. 테란에서는 드랍쉽(Dropship), 레이스(Wraith), 발키리(Valkyrie), 배틀크루저(Battlecruise)가 날수 있으며, 프로토스에서는 셔틀(Shuttle)과 옵저버(Observer), 스카웃(Scout)과 커세어(Corsair), 캐리어(Carrier)가 비행 유닛이다.

뮤탈리스크의 경우 거대한 날개를 마치 박쥐와 같이 퍼덕이며 날아다니기에 난다는 것이 별로 이상해 보이지 않는다. 오버로드의 경우 마치 거대한 기구나 비행선의 모습을 하고 있다. 스컬지는 행글라이더의 비행을 보고 있는 듯 하다.

테란과 프로토스의 유닛들은 모두 추진기를 장착하고 있는 기계 유닛이기에 비행에 어려움이 없을 것 같다. 이렇게 쉽게 말은 했지만, 비행이라는 것이 그렇게 쉬운 작업이 아니다.

날아다니는 것이 쉽다면 왜 거대하거나 뚱보 새(쉽게 생각하면 〈슈렉〉의 하늘을 나는 공룡)는 없으며, 고장 나지도 않은 비행기가 추락하는 것일까? 새의 날개는 오랜 세월 진화의 결과이며, 비행기 또한 새를 보고 날기를 희망했던 사람들의 꿈이 만들어낸 노력의 결실이다.

● **날기 위한 노력 - 뮤탈리스크**

뮤탈리스크는 스컬지와 더불어 스타크래프트에서 유일하게 날개를 가지고 날아다니는 생물이다. 뮤탈리스크의 모습은 박쥐나 중생대에 살았던 익룡과 닮았다. 익룡을 시

<슈렉> 피오나 공주를 지키는 공룡은 거대한 몸집에 비해 날개가 너무 작다.

조새와 혼동하여 현생 조류의 조상이라고 알고 있는 사람들이 있는데 잘못된 생각이다. 또한 익룡은 공룡과도 다른 종류다. 다만 공룡과 함께 중생대에 번창했던 파충류의 한 종류일 뿐이다. 익룡 또한 박쥐와 마찬가지로 깃털이 아니라 손가락 사이에 피부막이 늘어나 날개의 역할을 수행했다.

익룡은 파충류, 새는 조류, 박쥐는 포유류, 곤충은 절지동물로 모두 다른 종류이지만 날기 위해서는 모두 날개를 가지고 있다는 공통점이 있다. 이와 같이 날기 위해서는 날개가 필수적인데, 그렇다면 왜 날개가 필요할까? 그것은 중력 때문이다. 만약 중력이 없다면 날개 없이도 얼마든지 날 수 있다. 마치 로켓과 같이 우리는 방귀만 뀌어도 날 수 있게 된다. 날개가 없는 로켓이 날 수 있는 것은 강력한 추진력으로 자신의 무게보다 더 큰 힘을 반대 방향으로 작용시키기 때문이다. 즉, 날기 위해서는 자신의 몸무게보다 더 큰 힘을 중력 반대 방향으로 작용해야 몸이 뜰 수가 있다. 따라서 날기 위해서는 몸무게가 작은 것이 유리하다는 것은 두말 할 필요가 없을 것이다. 뚱보 새가 날기 위해서 더욱더 큰 날개를 가지면 되지 않느냐고 생각할지 모르겠다.

하지만 날개가 거대해지기 시작하면 날개 자체의 무게도 부담이 될 뿐 아니라 거대한 날개를 움직이는 근육(흉근) 또한

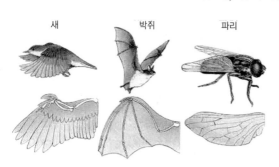
새   박쥐   파리

날아다니는 생물은 모두 날개를 가지고 있다. 하지만 날개의 기원은 다르다. 익룡과 새, 박쥐는 앞다리가 날개로 변형된 것이며, 파리와 같은 곤충은 피부가 변해서 된 것이다. 이와 같이 기원은 다르지만 기능이 같은 기관을 상사기관이라고 한다.

커져야만 한다(날개를 많이 사용하는 새의 경우 몸무게의 1/3을 흉근이 차지한다. 통닭의 통통한 가슴살은 바로 이 때문이다). 그러면 또 전체적으로 몸무게가 증가하는 결과를 가져오기 때문에 날개는 더욱더 거대해져야 하는 악순환이 반복된다.

〈익룡〉 손가락 사이의 피부막을 이용해 활강을 한 것으로 생각된다.

　이러한 문제는 화학 로켓으로 장거리 우주여행을 할 때에도 발생한다. 멀리 가기 위해서는 더 빠른 속도로 날아야 하고, 더 빨리 날기 위해서는 더 많은 연료를 소모해야 한다. 하지만 더 많은 연료를 우주선에 싣게 되면 우주선이 무거워져 또 다시 더 많은 연료를 실어야 하는 악순환이 반복되기 때문에, 화학 로켓으로는 장거리 우주여행을 하기 어렵다. 그래서 날 수 있는 새의 크기에는 한계가 있으며, 날 수 있는 새 중에서 가장 큰 새는 날개 길이가 3.7m에 달하는 **아프리카 대머리 황새(Marabon stork)**이다. 이외에도 **알바트로스(Albatross, 신천옹)** 또한 날개 길이가 3m가 넘는 거대한 새이다. 알바트로스는 긴 날개를 이용해 활공을 하는데, 일단 비행을 시작하면 몇 년 동안 육지에 내리지 않고 지구를 돌기도 한다.

아프리카 대머리 황새

　이 정도에서 아직도 거대한 새에 대한 미련을 못 버리는 독자를 위해서 새가 날기 위해서 얼마나 처절(?)하게 진화했는지 살펴보자.

　우선 새의 뼈는 트러스 구조(해면 조직)로 같은 강도를 가지면서도 무게는 줄일 수 있는 구조이다. 새는 장의 길이가 짧을 뿐 아니라, 항문과 요도가 붙어 있는 **총배설강**을 가지고 있어, 수시로 똥과 오줌이 섞인 배설물을 낸다. 이렇게 자주 새똥을 싸는 것도 몸에 담아두고 있으면 그만큼 무겁기 때문이다. 또한

뮤탈리스크가 테란의 기지를 공격하고 있다.

머리의 무게를 줄이기 위해 이빨이 없으며, 귓바퀴가 없어 공기의 저항을 줄인다.

곤충의 경우 날개에 근육이 없기 때문에 큰 날개를 가지기가 더욱 어렵다. 날개 내부에 근육이 없다고 해서 곤충이 근육이 전혀 없는 것은 아니며, 날개가 근육에 부착되어 있다. 거대한 뮤탈리스크의 경우 곤충과 같이 피부가 변해서 된 날개가 아니라, 앞다리가 변해서 된 날개를 가지고 있어야 한다.

여기서 잠깐!

열세군 절대불리의 원칙 : 란체스터 법칙

저그 대 저그 전에서 더 많은 자원을 가지고 있다고 적을 얕잡아 보고 적 보다 더 적은 수의 뮤탈리스크로 공격을 갔다가 당황한 경험이 있는지? 내가 상대방보다 더 많은 자원을 가지고 있을 경우 같은 수의 유닛을 계속 소모시키면 결국은 내가 승리하게 될 것이다. 따라서 같은 수의 유닛을 소모시키는 것도 좋은 작전일 수 있다. 이러한 생각을 가지고 적의 뮤탈리스크 10마리와 나의 뮤탈리스크 5마리가 전투를 한다면 어떠한 결과가 나올까? 이때 서로 5마리의 뮤탈리스크가 죽고 나머지 5마리가 남는 것이 산술적인 결과이겠지만, 결과는 그렇게 나오지 않는

다. 즉, 내가 보낸 뮤탈리스크 5마리는 모두 죽었지만 적의 뮤탈리스크는 7~8기 정도가 남는다(물론 유저의 컨트롤 능력에 따라 조금씩 차이가 난다). 이것은 분명 손해인 전투이다. 이렇게 열세에 있는 군대가 절대적으로 불리하다는 것을 열세군 절대불리의 원칙 또는 란체스터 법칙(Lanchester's Laws)이라고 한다. 즉, 전력상 차이가 있는 양자가 전투를 벌인다면, 산술적인 차이만큼이 아니라 원래 전력 차이의 제곱만큼 그 전력 격차가 더 커지게 된다는 것이다. 이 개념은 영국의 항공학자 란체스터가 알아낸 것으로 초기의 군사 전력에 사용된 개념이었으나, 지금은 경제 등에 폭넓게 응용되고 있다. 스타크래프트에서도 한곳에 얼마나 집중력 있게 공격하는가가 승패를 좌우하게 된다.

● 거대한 비행선 : 공기보다 가벼운 비행 - 오버로드

오버로드(Overlord)의 경우 날개가 없지만 하늘을 날 수 있는 유닛이다. 인간의 역사에서도 비행기보다 기구가 먼저 출현했듯이 저그의 경우에도 날개 없는 오버로드는 기본 유닛으로 등장한다. 날개가 없는 오버로드가 날기 위해서는 기구와 같이 부력을 이용하는 방법밖에 없다. 기구 속에 뜨거운 공기를 넣거나 수소나 헬륨과 같이 가벼운 기체를 넣거나 부력을 이용한다는 것에 차이가 없다.

하늘을 날기 위한 인간의 꿈은 새를 모방하는 것에서부터 시작되었다. 옛날 사람들은 인간이 새와 달리 날 수 없는 이유를 날개에서 찾으려고 했다. 하지만 앞서 설명한 대로 날기 위해서는 날개뿐 아니라 적절한 신체 구조를 가지고 있어야 한다. 타조가 날개는 있지만, 날 수 없는 것은 바로 이 때문이다. 따라서 사람도 단지 날개를 만들어 단다고 해서 날 수는 없었다. 하지만 이와 같은 많은 실패들 가운데서 독보적인 존재가 있었으니, 그는 이탈리아의 천재 화가이자 과학자였던 **레오나르도 다빈치(Leonardo da Vinci)**였다. 다빈치는 낙하산, 헬리콥터, 글라이더를 고안하였으며, 일부는 제작하여 시험을 하였다고 한다.

레오나르도 다빈치

영화 〈허드슨 호크〉에서는 -다빈치의 작품으로 보이는- 나무와 천으로 만든 글라이더를 타고 성을 탈출하는 장면이 나온다. 하지만 실제로 다빈치가 이러한 글라이더를 제작하였

다빈치가 설계한 글라이더

는지는 확실하지 않다. 다빈치의 설계대로 글라이더를 만들기 위해서는 탄소섬유와 같이 가볍고 튼튼한 재료가 필요했지만 당시에는 그러한 재료를 구할 수 없었다. 날개를 통한 비행의 꿈은 기술적인 어려움으로 인하여 다빈치 이후 크게 발전하지 않았다. 오히려 비행 실험을 하다가 많은 사람이 다치거나 죽음으로 인해서 사람은 날 수 없다는 생각만 가중시키는 결과를 가져왔다.

그러던 중 1783년에 **몽골피에(Montgolfier)** 형제가 거대한 기낭에 뜨거운 연기를 불어 넣은 기구를 만들어 처음으로 비행에 성공하게 된다. 그들은 뜨거운 연기가 어떻게

아르키메데스의 원리

유체(물이나 공기) 속에 있는 물체는 물체의 부피가 차지하는 유체의 무게만큼 중력 반대 방향의 힘을 받는다. 이 힘을 부력이라고 하고, 아르키메데스가 발견했기 때문에 아르키메데스의 원리라고도 한다. 쇳덩어리는 물에 뜨지 않지만 이것을 상자의 형태로 만들면 물에 뜨는 것도 상자가 차지하는 부피만큼의 물의 무게가 쇳덩어리의 무게보다 무겁기 때문이다. 따라서 쇠상자의 일부만 물에 잠겨도 상자의 무게와 물의 무게가 같아진다.

기구를 띄울 수 있는지 알 수 없었으나, 뜨거운 공기가 위로 올라가려는 성질이 있다는 것은 알고 있었다. 하지만 그 원리는 새로운 것이 아니라, 이미 오래 전 아르키메데스가 목욕을 하면서 발견한 원리와 같은 것이었다. 기구 또한 기구와 기구에 탑승한 사람의 무게보다 기구가 차지하는 부피의 공기 무게가 더 무거울 경우 뜨게 된다. 공기 자체의 무게가 워낙 작기 때문에 평소에도 공기에 의한 부력이 작용하지만 우리는 그것을 느끼지 못한다. 우리 몸에 작용하는 부력의 크기는 우리가 입고 있는 내의 하나 정도의 무게도 되지 않기 때문에 거의 부력이 작용하지 않는다고 해도 무방할 정도이다. 그렇기 때문에 사람 머리 정도 크기인 놀이 공원의 헬륨 풍선은 동전만 매달아 놓아도 날아가지 못하고 묶여 있게 된다.

여하튼 기구는 사람을 하늘로 날 수 있게 한 최초의 물건으로 많은 사람을 놀라게 하였다. 몽골피에 형제가 뜨거운 연기로 하늘을 날았다는 소식을 들은 **샤를(Jacques Alexandre Cesar Charles)** 교수(보일-샤를 법칙으로 잘 알려진 인물이다)는 그들과 달리 기구가 하늘을 날 수 있는 원리를 알고 있었다. 그래서 공기보다 가벼운 수소 기체로도 하늘을 날 수 있다고 생각하고 수소 기구를 만들어 많은 사람들이 지켜보는 가운데 하늘을 날았다. 이후 기구를 통한 비행은 유행처럼 번져 나갔다. 비행 중에 수소 기구가 폭발하거나 갑자기 너무 높이 올라가는 바람에 질식하는 사고로 많은 사람들이 다치거나 죽었지만, 사람들의 갈망은 끝이 없었다.

이제는 단순히 바람에 따라 하늘을 떠다니는 것이 아니라 진정으로 원하는 곳으로 비행을 하고 싶어 했다. 그러기 위해서는 부력 이외의 추진력이 필요했다. 그래서 등장한 것이 비행선이다. 최초의 **비행선**은 프랑스의 **앙리 지파르(Henri Jacques Giffard)**가 만들었다. 하지만 가장 유명한 것은 **체펠린(Ferdinand Adolf August Heinrich von Zeppelin)** 백작이 만든 체펠린 비행선이다. 독일은 거대한 체펠린 비행선으로 제국의 힘을 과시하고자 했고, 유럽인들은 비행선을 타고 하늘 여행을 즐겼다.

다이슨(Freeman Dyson)은 이러한 거대한 비행선을 제국의 꿈이라고 했으며, 비행기를 개인의 모험적인 꿈의 산물이라고 했다. 당시에는 거함을 앞세운 제국주의가 팽배한 시절이었다. 따라서 비행선은 그 거대한 크기로 제국의 힘을 상징하고자 했던 것이고, 비행기는 날고자 했던 많은 발명가들의 희망을 상징하는 것이었기 때문이다. 비행선이 제국의 위용을 나타내는 것은 영화 〈이퀼리브리엄〉과 같은 영화에서도 나타난다. 〈이퀼리브리엄〉은 3차대전 후의 미래 모습을 나타내지만 그들의 깃발이나 거대한 비행선은 나치 독일의 모습을 상징하고 있다. 하지만 영화 〈진주만〉에서 파일럿이 꿈인 아이들이 비행기를 타고 노는 모습에서 비행기는 개인의 꿈을 펼칠 수 있는 기계라는 이미지가 강하다.

아무튼 이러한 제국의 꿈은 독일의 초대형 비행선 **힌덴부르그호**가 폭발함으로써 막을 내리게 된다. 힌덴부르그호의 거대한 기낭에는 가연성 기체인 수소가 가득 채워져 있었고, 여기에 불꽃이 튀자 순식간에 화염으로 쌓여 버리는 참사가 일어난 것이었다. 독일의 기술자들도 수소 기체의 위험성에 대해 알고 있었지만, 당시 유일한 헬륨 생산국이었던 미국이 독일의 나치 정부를 달가워하지 않았기 때문에, 그들에게는 헬륨을 팔지 않았다. 이로써 비행선의 시대는 막을 내리고

힌덴부르그호의 참사

현재는 광고나 탐사, 스포츠용으로 사용되며, 세계적으로는 약 20여 척의 유인 비행선이 남아 있을 뿐이다. 하지만 최근에 비행선의 경제성에 대해 다시 연구 중이라고 하니 온고지신이라는 말이 틀리지는 않은 것 같다.

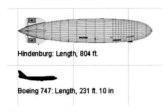

Hindenburg: Length, 804 ft.

Boeing 747: Length, 231 ft. 10 in

힌덴부르그호와 보잉 747의 크기 비교

이제부터 오버로드의 문제점을 살펴보자. 오버로드가 혼자서 떠다니기도 하지만 수송 기능 업그레이드를 하고 나면 다른 유닛을 싣고 다닐 수 있다. 이 정도라면 오버로드도 비행선이라 불릴 만하다. TV나 사진으로 기구를 본 적이 있다면 오버로드가 처하게 될 심각한 상황이 무엇인지 짐작할 수 있을 것이다. 힌덴부르그호(길이 245m)는 보잉747기(71m)보다 훨씬 컸지만, 탑승인원은 1/3에 지나지 않았다(쉽게 비교 하자면 축구장과 풀장의 차이 정도 된다). 그 만큼 부력을 얻기가 쉽지 않다는 뜻이며, 럴커와 같은 대형 유닛을 싣고 다니기 위해서는 배틀크루저(이것은 좀 과장이지만 적어도 드랍쉽이나 셔틀보다는 훨씬 커야 한다)와 크기를 견줄 수 있을 만큼 커야 한다.

열기구

오버로드가 왜 이렇게 덩치가 커야만 하는지 간단한 계산을 해 보기로 하자. 공기의 밀도는 0.0012g/cm^{3}이고, **헬륨**은 0.00018g/cm^{3}이다. 이것은 1리터의 공기 무게는 1.2g이고, 헬륨은 0.18g 밖에 나가지 않는다는 뜻이다. 즉, 1.8리터짜리 PET병에 공기 대신 헬륨을 담으면 겨우 2g 가벼워진다는 뜻이다. 따라서 50kg인 사람을 공중에 뜨게 하려면, 헬륨이 들어 있는 PET병 2만5천 개가 있어야 한다(물론 PET병으로는 날 수 없다. PET병이 2g보다 무겁기 때문에 오히려 깔려서 다칠지도 모른다. 여기는 단지 이만한 부피의 헬륨이 필요하다는 뜻이다). 겨우 50kg인 사람을 공중에 뜨게 하는데도 이렇게 많은 헬륨이 필요한데, 완전 무장한 8명의 병사라면 적어도 800kg은 나갈 것이며 또한 자신의 몸무게 까지 고려한다면 1000kg의 부력은 있어야 할 것이다. 이 정도가 되려면 기낭의 직경이 15m정도는 되어야 한다. 오버로드가 구형의 생물체는 아니기 때문에 길이 20m 정도의 생물체라고 생각하면 되겠다.

사실 희박한 가스인 헬륨을 이렇게 많이 얻는다는 것 또한 쉬운 일이 아니다. 헬륨은 대기 중에 0.0005% 정도밖에 함유되어 있지 않다. 헬륨은 천연가스에 메탄과 함께 산출된다. 따라서 베스핀 가스 속에 헬륨이 포함되어 있다면, 오버로드를 만드는 데 미네랄뿐만 아니라 베스핀 가스도 소모되어야 할 것이다. 헬륨보다 수소가 밀도가 작기 때문에 수소를 기낭에 채우면 오버로드의 덩치를 줄일 수 있다고 생각할 수 있다. 하지만 수소는 가연성 가스로 불꽃에 의해 폭발할 위험성이 있다. 따라서 전투 상황에서 한번의 공격으로도 오버로드는 비참한 최후를 맞이하게 되는 등의 문제가 생긴다. 또 다른 문제점은 덩치가 커지면 공기의 저항을 많이 받기 때문에 이동 속도 업그레이드가 어렵다는 것이

〈미이라2〉 영화에 등장하는 열기구의 기낭이 너무 작아 충분한 부력을 얻기 어렵다.

다. 영화 〈미이라2〉에서 주인공의 비행선이 갑자기 공격을 받자 터보 엔진을 가동시켜 순식간에 달아나 버리는 장면이 있다. 이 장면에서 기낭이 공기의 저항을 조금 받는 듯이 보이기는 하지만, 사실상 기낭의 부피가 너무 크기 때문에 그렇게 빠른 속력은 낼 수 없어야 한다. 커다란 풍선을 메고 빨리 뛸 수 있겠는가?

최초의 동력조정 비행에 성공한 라이트 형제(오빌라이트와 윌버라이트)

와~이거 편리한데!?

슈우웅

오~바르다

뿌웅 뿌웅

압축 공기를 뒤로 분사하면 이동속도를 증가시킬 수 있다.

벤트럴 삭스(Ventral Sacs) 업그레이드를 하게 되면 오버로드가 수송 기능을 가지게 된다. 벤트럴 삭스는 말 그대로 해석하면 '배 주머니'를 말한다. 오버로드는 벤트럴 삭스를 통해 유닛을 담을 수 있는 공간을 얻게 되고 유닛 수송을 할 수 있다.

곤충은 기관이 부풀어 올라 생긴 **기낭(air sac)**이 있다. 이 기낭은 파리와 같이 비행 기술이 뛰어난 곤충에게 잘 발달되어 있다. 기낭은 비행을 하는 데 발생하는 열을 보존하며, 내부기관이 자라날 공간을 제공하는 역할을 한다. 곤충은 외골격으로 되어 있어 몸의 성장이 자유롭지 않기 때문에 이렇게 공간 확보가 필요한 듯이 보인다. 곤충뿐만 아니라 새에게도 기낭이 있다. 새의 기낭은 공기를 축축하게 하고, 체온을 조절하는 기능도 한다. 또한 높은 곳에서 물 속으로 비행하는 새의 경우에는 자동차의 에어백과 같이 충격을 줄여주는 역할도 한다. 기낭이 곤충이나 새의 비중을 줄일 수 있다. 하지만 이를 통해 추가적인 부력을 얻을 수는 없기 때문에 많은 책에서 흔히들 지적하는 것과 같이 더 가벼워지기 때문에, 잘 날 수 있다는 설명은 정확하지 않다고 할 수 있다. 부력은 공기보다 밀도가 낮은 기체를 포함하고 있어야 생기기 때문이다.

오버로드는 뉴매티즈드 캐러페이스(Pneumatized Carapace)를 통해 이동 속도를 향상시킬 수 있다. 뉴매티즈드 캐러페이스는 오버로드의 딱딱한 등껍질에 공기를 불어넣는다는 뜻이다. 앞서서 지적했듯이 오버로드가 뜰 수 있기 위해서는 공기보다 가벼운 수소나 헬륨과 같은 기체를 품고 있어야 한다. 따라서 등껍질에도 이와 같이 밀도가 작은 기체를 넣는다면 추가의 부력을 얻을 수 있기 때문에 더 잘 뜰 수 있다. 비행체들이 부력이 있어야 비행할 수 있는 것은 사실이지만, 더 잘 뜬다고 해서 더 빨리 가는 것은 아니다. 부력은 수직 방향의 힘이고 빨리 가기 위해서는 수평 방향의 힘인 **추력(thrust)**이 필요하기 때문이다. 열기구와 비행선을 비교해 보면 쉽게 이해가 갈 것이다. 따라서 오버로드는 압축공기를 뒤로 분사함으로써 추력을 얻는 구조로 봐야 할 것 같다.

● 꿈의 실현 : 공기보다 무거운 비행 – 드랍쉽

기구를 만들었던 몽골피에 형제, 글라이더를 만들었던 **릴리엔탈(Lilienthal)** 형제에 이어 비행기를 발명한 라이트 형제에 이르기까지 비행의 역사에 있어 형제들은 참으로 용감했다. 어린 시절부터 릴리엔탈 형제는 비행에 관심이 있어 새들을 연구하면서 꾸준히 그들의 꿈을 키워나갔다. 돈과 가족들의 관심부족으로 동생은 도중에 포기를 하고 형은 꾸준한 연구로 글라이더로 하늘을 나는 데 성공한다. 비록 릴리엔탈이 동력 비행에는 성공하지 못했지만, 그의 글라이더는 오늘날 각광받는 레포츠의 하나로 자리를 잡았다. 또한 그의 성공과 연구는 후일 라이트 형제의 동력 비행에 중요한 밑거름이 되었다. 자신이 만든 글라이더의 시험 비행 도중 사고로 죽게 되지만 그의 죽음은 결코 헛된 것이 아니다.

릴리엔탈의 글라이드와 현대의 글라이드. 릴리엔탈은 글라이더로 시험 비행을 하면서 많은 연구 자료를 남겼다.

릴리엔탈이 알아낸 것 중 중요한 것은 바로 날개의 형태이다. 다양한 형태의 날개를 시험하면서 그들은 새의 형태를 닮은 즉, 위쪽이 불룩한 형태의 날개가 더 잘 뜬다는 것을 알았다. 이러한 현상은 이미 1738년 다니엘 **베르누이(Daniel Bernoulli)**가 〈유체역학〉이라는 책에서 설명한 베르누이의 정리에 의해 설명할 수 있는 것이었지만 그들은 이것을 새들

다니엘 베르누이

의 비행을 관찰해 알아낸 것이다.

베르누이의 정리는 유체가 빠르게 흐를 경우 주변에 작용하는 압력은 줄어드는 것을 나타낸다. 비행기의 날개는 위쪽이 아래쪽보다 볼록하기 때문에, 위로 흐르는 공기는 아래쪽 공기보다 더 빨리 흐르게 된다. 따라서 위쪽은 아래쪽보다 압력이 낮아지게 되고 이러한 압력의 차이가 바로 양력이 된다. 여기까지가 일반적으로 비행기가 나는 원리를 설명할 때 인용하는 베르누이의 정리이다.

하지만 간단한 현상 한 가지만 살펴봐도 이것만으로 비행기가 나는 이유를 설명하기에 충분하지 않다는 것을 알 수 있다. 왜냐하면 곡예비행을 하는 비행기는 뒤집어져서도 날 수 있기 때문이다. 비행기 날개의 굴곡에서 오는 압력의 차이를 이용해서 비행을 한다면 거꾸로 뒤집어져서 비행을 할

받음각

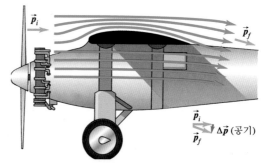

비행기 날개에 작용하는 양력. 비행기 날개 위쪽의 공기 속도가 더 빠르기 때문에 아래쪽보다 압력이 작다. 또한 공기 흐름의 방향이 아래쪽으로 바뀌면서 날개는 위쪽 방향의 힘을 받는다.

경우 비행기는 추락해야 하겠지만 뛰어난 곡예 비행사들은 뒤집어진 비행기를 몰 수 있다. 이러한 일이 가능한 이유는 비행기 날개에 부딪힌 공기가 아래 방향으로 진행 방향이 바뀌면서 그 반작용으로 비행기를 밀어 올리기 때문이다.

● 호버 크래프트 : 벌처

스타크래프트 매뉴얼에는 벌처(Vulture)를 호버-사이클
이라 설명하고 있다. 비행체가 공중에 머물러 있는 것을 **제자**
리비행(hovering)이라고 하며, 헬리콥터(helicopter)나 수
직이착륙기(VTOL)는 이러한 비행이 가능하다(영국에서는
헬리콥터를 hoverplane이라고도 한다). 날개를 가진 동물에
게 호버링은 대단히 어려운 기술이다. 새들 중에는 유일하게
벌새가 호버링이 가능하다. 파리와 같은 곤충들은 호버링을
쉽게 한다. 이는 곤충들의 날개짓이 비행기가 아니라 헬리콥
터와 비슷하기 때문이다. 호버 크래프트(hover craft)는 바다
나 육지를 마음대로 오갈 수 있는 배로, 배 아래로 바람을 불
어 내어 물 위를 떠서 가기 때문에 육지로도 달릴 수 있다.
호버 크래프트의 경우 육지를 떠서 갈 수 있기 때문에 바퀴
가 필요하지 않으며 도로가 아니라도 잘 달릴 수 있는 장점
이 있다.

호버 크래프트 : 배의 아랫쪽에 있는
커튼이 배가 물과 닿는 것을 막아주기
때문에 물에서도 빠른 속력으로 달릴
수 있다.

여기서 잠깐!

벌처의 이온추진기

벌처는 이온추진기를 통해 속도 업그레이드를 하여, 매우
빠른 속도로 전장을 종횡무진 누비는 유닛이다. 이온추진
기는 현재의 화학로켓을 대체할 미래형 로켓으로 1998
년 탐사선 '딥 스페이스1'에 장착되어 72 kg의 소량의
연료로 670일이라는 놀라운 가동시간을 자랑했다. 화학
로켓의 경우 연료가 차지하는 부피가 엄청나기 때문에
거대할 수밖에 없었지만 이온로켓의 경우 소량의 연료로
도 추진이 가능하기 때문에 우주선의 소형화가 가능하다.
'딥 스페이스1'의 경우에도 겨우 냉장고만 한 크기의 소
형 우주선이었다. 따라서 이온추진기가 벌처와 같이 소형
이동수단에 좋은 추진기라고 생각할 수 있겠지만 결정적
인 문제가 있다. 소량의 연료를 사용하여 분출시키기 때
문에 작동 초기 속력이 느리다는 것이다. 즉, 서서히 가
속된다는 것인데, 순간순간이 급박한 전투 상황에서 이렇
게 가속될 때까지 기다리다가는 적의 표적이 되기 쉽다.
따라서 벌처는 단순히 이온추진기에 의존하기보다는 소
형 원자력 엔진이나 화학로켓을 병행하여 사용하는 하이
브리드 차량일 가능성이 많다.

어디야...
안보여...!

나 잡아 봐라~

다크템플러와 옵저버, 고스트, 레이스,
아비터의 투명 기술

배틀넷에서 게임을 하다보면 간혹 놀라운 상대를 만날 때가 있다. 내가 드롭(Drop)을 가면 어김없이 대비를 하고 있고, 공격을 가면 그 사이 빈집을 털어 버리는 등 나의 일거수일투족을 모두 읽고 있는 상대가 있다. 이러한 일은 스캔이나 버로우된 유닛을 이용하거나 다크템플러나 옵저버와 같은 투명 유닛을 길목에 배치해 놓았을 때 발생한다. 이와같이 유닛을 길목에 배치하여 적의 이동상황을 꿰뚫는다면 고수라 불릴만하다. 하지만 플레이 실력을 보면 그것이 아닌데, 점쟁이처럼 잘 맞힐 때는 상대가 맵핵이라는 해킹 프로그램을 사용하는 것으로 의심해 볼 수 있다. 맵핵을 사용하게 되면 상대편의 플레이를 훤히 꿰뚫을 수 있기에 이런 상대와 게임을 해서 이긴다는 것은 쉽지 않다. 맵핵을 사용한 게이머는 오로지 승자만 요구할 뿐 과정은 보지 않는 우리들의 일그러진 문화를 보는 듯하여 씁쓸함을 느끼게 한다. 그렇다면 스타크래프트 속의 투명체들은 어떻게 해서 투명하게 보이는 것일까?

● 빛과 시각 : 다양한 동물의 눈

상대방은 나를 보지만 내가 상대방을 못 본것이, 단순히 게임속 상황이라면 상관없지만, 동물의 세계에서 이것은 바로 죽음을 의미한다. 영화 〈양들의 침묵〉에서는 어두운 지하실에서 스탈링 요원(조디 포스터)이 공포에 떨며 살인마를

145

잡기 위해 벽을 더듬는 모습이 매우 인상 깊게 묘사된다.

우리는 빛을 차단당해 어두워지면 외부의 정보를 받아들일 수 없기 때문에 본능적으로 공포를 느끼게 된다. 시각 정보는 외부에서 받아들이는 정보량의 70%를 차지할 만큼 중요하다. 본다는 것은 빛을 느낀다는 것이며, 눈을 통해 빛의 정보를 받아들이고 뇌를 통해 이것을 해석한다. 빛을 통해 외부의 정보를 받아들이는 것이 중요하기 때문에 대부분의 생물들은 눈을 가지고 있다. 하등동물의 경우에는 **안점 (eye spot)**을 가지고 있어 빛을 감지한다. 눈을 통해 사물을 보기 위해서는 빛이 물체에서 반사되어 눈으로 들어와 망막에 상을 맺어야만 한다.

일반적으로 빛이라고 하면 **가시광선**을 말하지만, 넓은 의미로는 **자외선**과 **적외선**을 포함시킬 때도 있다. 전자기파 영역 중에서 사람은 가시광선 영역(파장이 430~750nm) 밖에 볼 수 없지만, 다른 동물들은 자외선과 적외선을 감지하기도 한다. 적외선 추적 방식의 공대공 미사일인 사이드와인더(Sidewinder)는 뱀의 이름으로 뱀이 열 감지 기관을 통해 먹이를 잡을 때 적외선을 감지하는 데서 따온 이름이다. 뱀뿐만 아니라 모기나 빈대의 열 감지 능력도 매우 뛰어나다. 또한 꿀벌과 나비의 경우에는 자외선도 볼 수 있다. 이는 꽃에서 꿀이 많은 부분이 더 많은 자외선을 내기 때문에 꿀벌에게는 자외선을 보는 것이 살아가는 데 많은 도움을 주기 때문이다.

놀라운 시력을 갖춘 매와 어두운 곳에서도 사물을 꿰뚫어 보는 부엉이에 비하면 사람은 거의 맹인이나 다름없다. 또한 사람의 눈은 수중에서 흐리게 보인다. 이렇게 동물들의 눈과 사람의 눈을 비교해 보면 사람의 눈은 참으로 보잘

뱀의 적외선 감지

뱀은 피트기관을 통해 적외선을 감지한다. 눈과 코사이에 있는 피트기관은 0.025mm의 얇은 막으로 0.003℃의 온도 차이도 감지할 만큼 성능이 뛰어나다. 뱀은 자신이 발산하는 적외선으로 인한 방해를 받지 않기 때문에 적외선을 감지하는 데 유리하다. 이와는 달리 포유동물과 같은 항온동물은 자신의 높은 체온 때문에 적외선 감지가 어렵다.

것 없어 보인다. 하지만 사람의 눈은 뛰어난 색 감각을 가지며, 가까운 곳에서 먼 곳으로 시선을 돌려도 순식간에 조절이 될 뿐 아니라, 적당히 어두운 곳과 밝은 곳에서 뛰어난 성능을 발휘한다. 더욱더 중요한 것은 사람이 뛰어난 기술을 이용해 동물들이 보지 못하는 많은 세계를 볼 수 있다는 점이다.

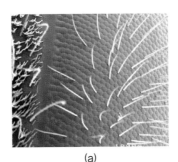
(a)
벌의 겹눈

(b)
겹눈단면도

사실 동물과 사람의 시력을 비교한다는 것이 큰 의미를 가지지 못할 수 있다. 동물의 눈은 환경에 맞게 적응한 것일 뿐 만능의 장치가 아니기 때문이다. 예를 들면 곤충들의 **겹눈**은 사람의 눈보다 사물을 정확하게 보지 못한다. 하지만 미세한 움직임에도 민감하게 반응할 수 있는 구조로 되어 있어 근접하는 포식자를 잘 구분할 수 있게 해 준다. 어두운 세계에서 더 많은 빛을 받아들이기 위해 눈이 커진 동물이 있는가 하면 아예 눈이 퇴화되어 거의 흔적만 남아 있는 동물도 있다. 적외선을 볼 수 있는 뱀이나 자외선을 보는 곤충의 감각도 모두 꼭 필요한 것들이지 남들이 없는 것을 그냥 덤으로 가지고 있는 것은 아니다.

물 속에서 흐리게 보이는 이유
공기와 각막은 굴절률 차이가 많이 나지만, 물과는 별 차이가 없어 상을 선명하게 맺을 만큼 빛을 굴절시키지 못한다.

이제 스타크래프트로 돌아와서 저그에게는 어떠한 기능이 필요한지 살펴보자. 오버로드의 경우 공중에서 넓은 시야를 확보하는 역할을 할 뿐 아니라 상대방의 투명 유닛을 감지(디텍팅)하는 기능을 가지고 있어야 한다. 일단 넓은 시야를 가지기 위해서는 새와 같이 뛰어난 시력을 가지고 있어야 함은 물론이다. 또한 투명 유닛을 감지하기 위해 적외선을 감지할 수 있는 감각 기관도

다크템플러 그까이꺼 적외선으로 보면 다보여

나 잡아 봐라~ **147**

필요하다. 아무리 투명한 물체라고 하더라도 적외선을 방출하기 때문에 적외선에 의한 감지가 가능하다. 영화 〈할로우맨〉에서 투명인간을 보기 위해 적외선 안경을 쓰는 이유도 이 때문이다. 오버로드는 저그의 공중조기경보기로 공중에서 더 넓은 시야를 확보하고 저그의 유닛들을 통제하는 역할을 한다.

● 꼭꼭 숨어라 : 다크템플러, 고스트

스타크래프트에서 전투를 하다보면 투명 유닛의 위력은 실로 대단하다. 프로토스를 한껏 밀어붙이며 전세를 주도하던 테란이 다크템플러(Dark Templar)의 탄생으로 순식간에 전세를 역전당하기도 할 정도다. 테란의 상공에

떠 있는 옵저버는 분명 성가신 존재이다. 종이비행기라고 불릴 만큼 약한 레이스이지만 클록킹 덕분에 강력한 힘을 발휘하기도 한다. 이렇게 투명하다는 것은 전투에서 그 유닛에게 매우 유리하게 작용하는 경우가 많다.

영화 〈할로우맨〉은 투명인간이 되는 장면을 섬세하게 묘사해 관객에게 놀라움을 주었다. 이 영화에서는 투명인간이 된 케인(케빈 베이컨)의 악마적 성격이 너무나 잘 묘

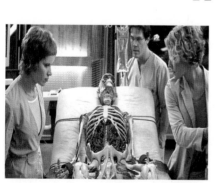

〈할로우맨〉 투명인간으로 변하는 장면은 마치 해부학 교과서를 보는 것 같이 섬세하다.

사가 되어 있기도 했다. 보이지 않는 적에 대한 두려움은 영화 〈프레데터〉에도 잘 나타나 있다. 뛰어난 특공대원들이지만 보이지 않는 외계의 적 앞에서는 너무나 무력한 모습을 보이기 때문이다.

투명인간에 대한 인간의 갈망은 단지 최근의 SF 영화에서만 나타나는 것은 아니다. 투명인간은 동물의 은폐 기술에서 그 기원을 찾아야 할 것이다. 생태계에서 잘 알려진 기술인 보호색은 주위와 색

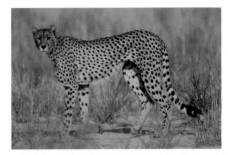

표범의 줄무늬는 먹이에 가까이 접근 할 때 유리하게 작용한다.

깔을 비슷하게 함으로써 포식자로부터 자신을 보호하며, 먹잇감에 쉽게 접근할 수 있게 해 준다. 변신의 귀재 카멜레온은 말할 것도 없거니와, 꿩의 경우 계절에 따라 깃털의 색을 바꿈으로써 자신을 보호한다. 표범의 줄무늬는 먹이에게 접근할 때 눈에 띄지 않게 해 주는 역할을 한다.

이와 같이 은폐 기술은 생물이 살아가는 데 매우 중요하며, 은폐에 실패한 종은 포식자에게 잡혀 먹히거나 먹이를 구하지 못해 멸종이라는 극단적인 길을 걸을 수도 있다. 영국의 맨체스터 공업 지대의 공업화 현상은 이것의 좋은 예가 된다. 사람의 경우에는 타고난 은폐 방법이 없어 동굴 속에 몸을 숨기거나 나무 사이에 숨어서 다닐 수밖에 없었다. 사람의 입장에서 뛰어난 은폐 기술을 가진 동물은 자연히 부러움의 대상이었을 것이고, 이것이 투영된 것이 바로 투명인간일 것이다.

우리는 빛을 흡수하거나 산란시키지 않고 그대로 투과시키는 물체를 **투명체**라고 한다. 진공은 완벽한 투명체이며, 유리와 물도 가시광선에 대해서는 투명하다. 여러 가지 빛의 영역 중에서 특별히 가시광선에 대해 투명하다는 표현을 하는 것은 어떤 광선 영역에 대해서는 투명하지 않기 때문이다. 즉, 유리의 경우 자외선을 흡수하며, 물은 자외선과 적외선을 흡수하는 성질을 가지고 있다. 따라서 유리의 경우 가시광선에 대해 투명하고, 자외선에 대해서는 불투명하다.

완벽하게 투명체가 되려면 항상 주위의 매질과 밀도가 같아야 한다. 그렇지 않으면 광선이 굴절되기 때문에 물체가 있음을 느낄 수 있다. 다크템플러나 옵저버가 움직일 때 화면이 어른거리는 것을 보고 무엇인가 지나가고 있다는 것을

 공업 암화 현상

19세기 후반, 영국의 맨체스터 지방에 공업이 발달함에 따라 검은 나방의 개체수가 증가한 현상. 산업이 발달하기 이전에는 흰색 나방이 검은색 나방보다 많았다. 밝은 회색의 지의류가 흰색 나방이 눈에 띄지 않도록 해 주어 검은색 나방보다 천적인 새에게 잡힐 확률이 적기 때문이었다. 그러나 공업이 발달함에 따라 공장의 연기 등으로 그 지방의 환경이 점점 검어지고 대기오염에 의해 지의류가 사라져가자 이번에는 흰색 나방이 새에게 더 쉽게 잡아먹혀, 검은 나방의 수가 훨씬 많아졌다. 이와 같은 현상을 공업 암화(industrial melanism, 피부에 멜라닌 색소가 생겨 검어지듯이 환경이 검게 변한 현상을 가리키는 말이다)라고 하며 자연선택의 예로 흔히 이야기한다.

느끼는 것은 빛의 굴절 현상을 표현한 듯이 보인다. 봄에 피어오르는 아지랑이나 사막의 신기루도 모두 빛의 굴절 현상 때문에 나타나는 현상이다. 따라서 완벽한 투명체가 되기 위해서는 물이나 유리와 같이 단순히 광선을 통과시키는 것만으로는 부족하고 굴절률도 공기와 같아야 한다는 것을 알 수 있다. 하지만 공기와 굴절률이 같기 위해서는 공기와 밀도가 같아야 하는데, 이렇게 되면 자신의 형태를 유지할 수 없기 때문에 곤란하다.

그렇다면 자신의 몸을 투명한 물질로 바꾸는 방법 이외에는 투명하게 되는 방법이 없을까? 그래서 생각해 낸 것이 사방에서 오는 빛을 그대로 받아서 반대편에 보내주는 역할을 하는 디스플레이를 온 몸에 붙이는 방법이다. 이러한 방법으로 일본의 도쿄 대학에서는 투명복을 만들었다. 이것은 옷에 스크린 역할을 하는 유리를 붙이고 여기에 뒤쪽의 화면을 투영시킨 것이다. 하지만 이것은 투명인간을 목적으로 만든 것이 아니라, 외과 수술 시에 투명장갑을 끼고 수술을 하면 손에 의해 가려지는 부분을 없애 수술하는 데 도움을 주는 것과 같이 실용적인 측면을 고려하여 개발된 것이다. 하지만 완벽하게 투명하지 않기 때문에 이 옷을 입고 다크 템플러와 같이 행동하다가는 큰 코 다치게 된다.

이러한 문제점 외에도 투명인간에는 근본적인 문제점이 있다. 투명인간이 되면 남이 나를 볼 수 없을 뿐만 아니라 나도 남을 볼 수 없다. 또한 내가 나를 볼 수 없기 때문에 행동하기가 매우 어렵다는 단점을 가지고 있다.

남이 나를 볼 수 없는 것은 앞에서 설명했던 것과 같이 앞에서 진행한 광선이 내 몸을 관통해 그대로 지나가기 때문이다. 하지만 내가 물체를 보려면 망막에 상이 맺혀야 한다.

투명인간은 아무것도 볼 수 없다.

망막에 상이 맺히려면 눈이 불투명하게 되어 남에게 보이게 된다. 내가 나를 볼 수 없기 때문에 불편한 것은 우리가 정교한 피드백 시스템에 의해 행동을 하기 때문이다. 즉 물건을 잡으려고 하면 내 손이 얼마나 물건에 가까이 갔는지 보여야 하는데, 그것을 알 수 없으니 더듬거리면서 물건을 잡을 수밖에 없다. 이와 같이 투명인간은 기술상의 문제점뿐 아니라 그 자체에 지니고 있는 결함 때문에 영화나 게임에서와 같이 그렇게 매력적이지만은 않다. 설사 투명하게 되었다고 해도 적외선 카메라만 있으면 쉽게 포착이 가능하기 때문에 애써 몸을 숨긴다 하더라도 쉽게 들켜 버리고 만다.

● **스텔스 기술 : 레이스, 옵저버**

눈에 보이지 않는 투명 인간과는 달리 레이스(Wraith)와 옵저버(Observer)는 눈에 보이지 않는 투명 물체라기보다는 레이더나 적외선 센서에 잡히지 않는 **스텔스 기술**을 채택한 비행체라고 보는 것이 타당할 것이다. 물론 스텔스 기술은 가시광선 영역에서도 최대한 감지되지 않아야 한다. 아무리 레이더와 적외선을 피했다고 해도 광학적 조준에 의해 격추될 수도 있기 때문이다. 영화 〈아이 스파이〉에서는 레이더는 물론 눈에도 보이지 않는 투명한 전투기 '스위치 블레이드'가 등장하여 진정한 스텔스 기술이 어떤 것인지 보여준다.

스텔스 기술은 비행기와 레이더 간의 쫓고 숨는 경쟁에서 탄생한 것이다. 비행기는 어떻게든 레이더에 발각이 되지 않아야 하고 레이더는 숨으려고 하는 비행기를 찾아야만 한다. 레이더는 더 넓은 지역을 더 정확하게 감시해야 하는 필요성에 의해 그 기술이 발달하였다. 레이더 기술이 발전함에 따라 비행기는 레이더를 피하기 위해 갖가지 재주를 부

군함에 설치된 레이더

레이더를 혼란시키기 위해 비행기에서
채프를 투하하고 있다.

전파

전파는 주파수가 3×10^{12}Hz 이하의 전자기파를 말한다. 전파는 라디오나 TV, 전화기 등 다양하게 사용되는데, 모두 주파수 대역이 다르기 때문에 서로에게 영향을 주지는 않는다. 전파의 다양한 주파수 대역 중 레이더는 단파에서 밀리미터파까지를 이용한다.

가짜 영상

이것은 레이더 스코프상의 홀루시네이션이라고 할 수 있을 것이다. 왜냐하면 이들은 실제로는 존재하지 않기 때문이다.

릴 수밖에 없었다. 이러한 레이더를 속이기 위한 기술로는 **채프(Chaff)**나 **전파교란(Jamming)**, **스텔스(Stealth)** 등이 있다. 이 기술들의 원리를 알아보기 전에 레이더의 원리부터 알아보자.

레이더는 전파에 의한 검출과 거리의 측정(radio detection and ranging)의 앞머리 글자를 따서 만든 말이다. 레이더가 처음부터 비행기의 추적에 사용되었던 것은 아니다. 처음에 레이더는 전리층의 존재를 확인하는 데 사용되었다. 영국은 이것을 이용해 독일군의 비행기를 감시하기 위한 장비를 개발했는데, 이것이 현대의 레이더의 원형이다. 레이더는 파장이 짧을수록, 안테나가 클수록 대상을 세밀하게 감지할 수 있으며, 일반적으로 센티미터파나, 밀리미터파를 이용한다.

레이더는 전파가 빛과 같이 직진하고 물체에 부딪히면 반사되는 성질을 이용한다. 전파도 빛도 모두 전자기파이며, 따라서 전파도 빛과 같이 직진, 반사, 굴절, 회절과 같은 성질을 나타낸다. 레이더가 영국 공군에 처음 등장했을 때만 해도 파장이 6~13m인 파를 사용했는데, 파장이 길어지면 분해능이 떨어지기 때문에 이때의 레이더는 그렇게 성능이 뛰어나지는 못했다고 할 수 있다. 영화〈진주만〉에서 미국 레이더에 일본의 제로기 편대를 관측하고도 자국의 폭격기와 구별하지 못한 것은 바로 이 때문이다.

채프는 영국이 독일의 레이더를 혼란시키기 위해서 금속 조각을 뿌린 것이 시초이다. 전파를 최대한 잘 반사시키기 위해 알루미늄 호일을 파장의 1/2에 해당하게 잘라서 공중에 살포하였다. 이렇게 하면 레이더 스코프에는 환하고 넓게 물체가 감지되는 것으로 나타나기 때문에 어떤 비행기가 날아오는지 정확하게 알 수 없게 된다.

전파교란(재밍)은 일종의 흉내 내기 전술로 적의 레이더를 속이는 기술이다. 즉, 적의 레이더에서 발사된 전파를 감지하면 그것과 비슷한 전파를 만들어 되돌려 보내면 적의 레이더 스코프에는 진짜와 함께 가짜 영상이 뜨게 된다.

스텔스는 말 그대로 비행기를 '은밀'하게 감추는 기술이다. 레이더로부터 비행기를 사라지게 하기 위해서는 전파를 흡수하여 되돌아가는 전파를 없애야 한다. 되돌아가는 전파가 생긴다면 비행기의 위치가 노출되기 때문이다. 전파를 흡수하는 것은 비행기 표면에 전파흡수체를 바르기 때문인데, 페라이트와 흑연 성분으로 되어 있다. 또한 스텔스기는 일반적인 비행기와 달리 모양이 독특하다. 일반적인 항공기들은 유선형의 동체를 가지는데 비해, 스텔스기는 다면체의 형태를 취하고 있다. 이것은 곡선이 있을 경우 곡선 어떤 특정 부분에서 반사된 전파가 레이더로 반송될 가능성이 있기 때문이다. 심지어 스텔스기 표면에 덜 조여진 나사 하나 때문에 레이더에 포착될 정도로 스텔스기는 정밀함을 요구한다. 또한 적외선 추적을 피하기 위해 엔진에서 나가는 열기를 식혀서 내보내고 공기 흡입구를 위쪽으로 만들었다.

일명 나이트호크(night hawk)로 알려진 F-117은 이러한 기술을 갖춘 최초의 스텔스기이다. 하지만 스텔스 기술이 비행기에만 사용되는 것은 아니다. 영화 〈007 네버 다이〉에는 스텔스함이 등장하는데, 이 배가 007에 의해 손상을 입기 전까지는 레이더에 탐지되지 않는 장면을 볼 수 있다. 이 배 또한 모양이 뾰족하게 되어 있다. 잠수함의 잠망경에도 스텔

스텔스기인 나이트호크

〈007 네버다이〉 악당들이 스텔스 선박을 이용해 전쟁을 일으키려고 한다.

스 기술이 사용되는데, 이는 해수면을 관찰하기 위해 잠망경을 올리면, 잠망경이 레이더에 잡히기 때문이다.

박쥐와 나방의 쫓고 쫓기는 싸움

박쥐는 빛이 거의 없는 밤에 사냥을 한다. 이렇게 어두운 곳에서도 비행을 하여 먹이를 찾기 위해서는 먹이를 찾을 수 있는 방법이 있어야 한다. 이를 위해 박쥐는 초음파를 사용한다. 초음파가 물체에 반사되어 오는 것을 감지하여 물체와의 거리뿐만 아니라 형태도 구분해 낸다. 박쥐는 다양한 주파수 대역을 들을 수 있어 무려 15옥타브의 음을 감지할 수 있는 종도 있다. 박쥐의 청각 기관이 이렇게 발달

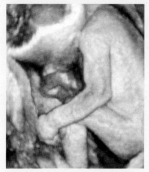

임신중 태아를 진단하는데 X선보다 안전한 초음파를 사용한다.

해 있기 때문에 먹이인 나방의 경우 밤이라고 해도 안심하고 날 수 없다. 그렇다고 나방이 무작정 당하고만 있지는 않다. 인간이 스텔스기를 발명하기 훨씬 이전부터 나방들은 그 방법을 알고 있었다. 즉, 몸을 부드럽고 가는 털로 덮음으로 인해서 박쥐의 초음파를 흡수하여 아주 약하게 반사한다. 이는 인간의 스텔스기와 원리상 동일한 방법이다. 박각시나방의 경우 박쥐의 초음파를 듣고 곡예비행을 하여 박쥐를 혼란에 빠트리려고 한다. 이와는 달리 낮에 활동하는 나방 종류는 박쥐에게 공격당할 위험이 거의 없기 때문에 박쥐의 초음파를 듣지 못한다. 나방은 날개에 있는 두 개의 청세포만으로 박쥐가 내는 초음파를 감지하여 비행 방향을 바꾸는 것이다. 박쥐는 자신이 보낸 파장과 되돌아온 파장을 비교해서 나방의 위치를 파악하는데, 우리가 사용하는 스피드 건과 같은 원리(도플러 효과)를 사용한다. 박쥐는 다양한 대역의 초음파를 사용하여 비행을 하며, 자신의 초음파를 정확히 구분해 낸다. 그래서 동굴 속에서 수천 마리가 날아다녀도 충돌하는 것 없이 비행을 하는 것이다. 실로 놀라운 기술이 아닐 수 없다.

스파이를 찾아라~

컴샛 스테이션, 옵저버

스타크래프트에서 상대방의 움직임을 감시하는 것은 매우 중요한 일이다. 상대방이 몰래 멀티를 한다거나 기습 작전을 감행할 때 미리 찾아내어 대비할 수 있다면 승리를 할 수 있기 때문이다. 그러기 위해 항상 초반에는 일꾼을 통한 정찰을 꾸준히 하게 되며, 후반으로 넘어가면 다양한 기술을 동원하여 상대 기지를 감시하게 된다. 테란의 경우 컴샛 스테이션과 통신위성 사이의 교신을 통해 적의 기지를 관찰할 수 있다. 저그의 경우 패러사이트를 적에게 감염시켜 적을 감시하게 된다. 프로토스의 경우 옵저버라는 소형 비행체를 적의 기지에 투입시켜 적을 감시한다. 컴샛 스테이션과 옵저버는 어떻게 적의 기지를 볼 수 있는 것일까?

● 컴샛 스테이션 : 첩보 위성

테란은 다른 종족에 비해 디텍팅 기능이 상대적으로 취약한 편이다. 초반에 다크템플러나 럴커가 기지로 쑥 들어와 버리면 그것으로 게임이 끝날 수도 있다. 테란의 경우 엔지니어링 베이를 건설하고 난 뒤 미사일 터렛을 만들면 이들을 방어할 수 있다. 미사일 터렛의 경우 미사일을 쏘기 위해 레이더가 장착되어 있기 때문에, 이를 탐지하는 것으로 생각할 수 있다. 미사일 터렛이 아니라면 아카데미를 건설

첩보위성

첩보위성은 3만6천km 궤도를 돌고 있는 정지위성과는 달리 300~500km 저궤도를 돈다. 당연히 지상에서 가까울수록 더 정밀하게 관측할 수 있기 때문인데, 낮게 날기 때문에 더 빨리 지구 주위를 돌게 된다. 정지위성은 지구의 자전주기와 같이 하루에 한 바퀴씩 지구 주위를 돌게 되고, 저궤도 위성들은 14바퀴 이상을 돌만큼 빠르다. 인공위성의 궤도는 지상에서 멀수록 속도가 느리고, 지상에 가까울수록 빠르다. 빨리 돌지 않으면 지상으로 떨어지기 때문이다. 낮게 날수록 지상을 잘 관찰할 수 있다는 장점이 있지만, 낮을수록 공기의 저항이 심하기 때문에 위성의 수명은 현저히 짧아진다.

스푸트니크 1호

하고 커맨드 센터에 컴샛 스테이션을 부착하는 방법이 있다. 컴샛은 인공위성을 통해 적의 기지를 감시하는 방법이다. 이러한 것들이 아직 준비되지 않았다면 스파이더 마인도 좋은 대안이 될 수 있을 것이다.

최초의 인공위성은 1957년 옛 소련에서 쏘아 올린 스푸트니크(Sputnik) 1호였다. 스푸트니크는 '동반자' 라는 뜻을 가지고 있었지만, 소련의 인공위성이 머리 위로 지나가면서 미국을 정찰할지도 모른다는 생각에 미국인들은 불안할 수밖에 없었다. 이것을 '스푸트니크 충격' 이라고 하며, 세계 최고의 과학 강국임을 자부했던 미국인의 자존심이 심하게 구겨진 사건이었다. 이듬해에 미국도 익스플로러(Explorer) 1호를 발사하여, 본격적인 우주 경쟁에 돌입하게 된다.

인공위성이 있기 전에는 지상 첩보전의 양상을 보였지만, 인공위성 덕분에 남의 머리 위에서 관측 가능한 우주 첩보의 시대로 돌입한 것이다. 물론 초창기의 인공위성들은 관측 기술이 떨어져 사진의 해상도가 상당히 낮았다. 또한 전송 기술도 부족해 관측 자료를 전파로 송신하기 어려워 사진을 캡슐에 넣어 대기권에 투하하는 원시적인 방법을 사용하였다. 미소 냉전시대에는 상대방을 정찰하기 위해 경쟁적으로 기술을 발달시켰다. 초창기의 관측 기술은 가시광선에 의존했기 때문에 밤이나 구름이 낀 날에는 관찰하기 어려웠다. 하지만 이러한 광학 촬영의 경우 분해능이 좋기 때문에 지금도 기상 상태가 양호할 때 사용한다. 야간이나 구름이 많을 때는 적외선 센서를 이용한다. 적외선 센서는 열을 가진 모든 물체는 자신의 온도에 해당하는 적외선을 방출하는 것을 이용한 것이다.

현재 미국에서 운용하는 첩보위성 중 가시광용 카메라를

탑재한 것에는 KH11과 적외선 탐지 기능을 보강한 KH12가 있다. KH11, KH12의 단점(광학 촬영이 좋기는 하지만, 날씨가 좋지 않은 경우에는 무용지물이다)을 보완하기 위한 것이 **합성개구레이더(SAR : Synthetic Aperture Radar)**를 장착한 라크로스(LACROSE) 정찰위성이다. 레이더에 사용되는 전파는 빛보다 파장이 길다. 빛은 파장이 짧아 해상도가 높지만 구름을 통과하는 과정에서 산란되는 단점이 있다. 파장이 긴 전파는 구름에 영향을 받지 않게 지상을 관찰할 수 있다. 현대의 레이더는 비행기의 관찰뿐 아니라

지하에 묻힌 유적이나 광물을 조사하는 데도 사용된다. 따라서 컴샛의 레이더에 의해 럴커가 발견되는 것은 당연하다고 하겠다.

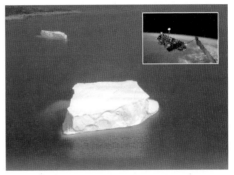

SAR이 장착 된 인공위성으로 날씨에 상관없이 빙산의 추적이 가능하다.

● 옵저버 : 소형 로봇을 통한 첩보 활동

정찰위성의 성능이 날로 좋아지고 있지만, 지상에서 직접 관찰하는 것에 비해서는 정확성이 떨어질 수밖에 없다. 또한 비용이 많이 들기 때문에 운용이 쉽지 않다. 비용 문제에 있어서는 정찰기 또한 마찬가지이다. 최근 이러한 문제에 대안이 될 수 있는 것이 소형 로봇이다. 영화 〈제5원소〉에서 바퀴벌레 모습의 로봇이 첩보활동을 하는 장면이 있었다.

이와같이 곤충이나 새와 같이 생물체를 닮은 소형로봇들은 훌륭한 첩보원이 될 수 있을 것이다. 새처럼 날개를 퍼득이며 날아가는 비행체를 '**오니숍터(Ornithopter)**' 라고 한다. 국내 한 벤처기업에서 발명한 **사이버드(Cybird)**라고 불리는 날개 짓 로봇은 새가 나는 것과 같이 날개를 퍼덕이

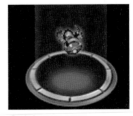

옵저버

국내 완구업체인 스카이텍 인터내셔날이 만든 로봇새 '사이버드'. 국내 뿐 아니라 세계완구시장에서 많은 주목을 끌고있다.

며 날아간다. 새의 비행 원리를 그대로 모방해서 만들었기 때문에 멀리서 보면 진짜 새처럼 보인다. 심지어 까마귀나 매에게 공격을 받는 경우가 있을 정도라고 한다.

새의 모습 이외에도 곤충의 비행을 연구해서 비행체에 적용하는 경우도 있다. 곤충들은 아주 적은 양의 에너지만으로도 훌륭하게 비행한다. 곤충은 새들이 날기 1억 년 전부터 날기 시작한 비행의 전문가들이다. 한 쌍의 날개 밖에 없지만, 파리는 자기 몸무게의 두 배에 해당하는 공중 부양력을 낼 수 있다. 장수잠자리의 경우 엄청나게 빨리 날 수 있지만, 날개 짓에 있어서는 파리가 한수 위이다. 왜냐하면 잠자리는 신경자극에 의해 날개 근육을 움직이기(동기식) 때문에 1초에 30번 밖에 날개를 움직이지 못하지만, 파리는 신경 자극과 별도로 움직이기(비동기식) 때문에 무려 200번 이상을 움직일 수 있다.

초소형 비행체(MAV : Micro Air Vehicle)라고 불리는 곤충을 닮은 비행체는 크기가 15cm 이하이며, 무게는 100g도 안된다. 초소형 비행체는 곤충과 같이 날개를 움직이는 오니솝터형, 비행기와 같은 고정익형, 그리고 헬리콥터형이 있다. 이와 같은 초소형 비행체는 50m 정도만 떨어져도 맨 눈으로는 새와 구분하기 힘들다. 또한 레이더 상에서도 새나 잡음과 구분하기 어렵다. 아직까지는 비행시간이 1시간을 넘기기가 어렵지만, 군사용으로 많은 주목을 끌고 있다. 곤충의 비행 원리가 하나씩 벗겨지면서 초소형 비행체에 대한 관심과 연구가 더욱더 높아지고 있다.

초소형 비행체가 아직 연구단계에 있는데 비해, 자동항법 비행이 가능한 **무인비행체**(UAV : Unmanned Aerial

Vehicle)는 실전에 배치되어 활약하고 있다. 가장 유명한 것으로 미국의 프레데터가 있다. 2대의 컬러 비디오카메라를 장착하고 있으며, 40시간 이상 연속비행이 가능한 프레데터는 이미 2002년에 적의 헬파이어 미사일을 정확히 명

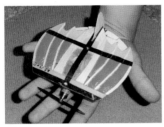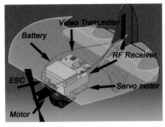

건국대학교 항공우주공학과 윤광준 교수가 만든 Batwing. 이 MAV는 초소형 CMOS 카메라로 반경 0.8km까지 근접촬영한 영상을 실시간으로 전송할 수 있다.

중시킴으로써 명성을 얻었다. 하지만 프레데터 시스템을 갖추는 데는 4천500만 달러라는 엄청난 예산이 필요하다. 최근에 프레데터보다 스텔스 기능이 강화되었지만, 가격은 절반인 '골든 아이'가 출시를 기다리고 있다고 하니, 첩보전은 끝이 없이 진행되고 있는 듯하다. 하지만 이러한 장비들이 군사 목적으로만 활용될 수 있는 것은 아니다. 도시 순찰용, 재난 구조용, 방범 활동 등 활용분야는 매우 많다.

옵저버는 이러한 초소형 비행체의 가장 발달된 형태이다. 군에서는 적에게 발각되지 않으면서도 장시간 다양한 첩보 활동을 할 수 있는 것을 원하기 때문이다.

프레데터

으앗~
사이언스
베슬이다!!

왱 왱

느그들
오늘 다 죽었어!

사이언스 베슬의 핵폭탄과
EMP, 이레디에이트

테 란에게 있어 가장 활용도가 높은 고급 유닛은 아마 사이언스 베슬(Science Vessel)일 것
이다. 사이언스 베슬은 투명 유닛에 대한 디텍팅 기능과 디펜시브 매트릭스를 기본으로 가
지고 있다. 기술 개발을 통해 생체 유닛에게는 이레디에이트(Irradiate), 기계 유닛에게는 EMP 충
격파를 쏠 수 있다. 사이언스 베슬은 테란 과학 기술의 결정체로 다양한 기술을 보유하고 있다. 테
란의 무기 체계는 핵 기술과 매우 밀접한 관계를 가지고 있다. SCV의 핵융합 절단기, 마린의 열
화 우라늄 탄환, 고스트의 핵폭탄(Nuclear Bomb), 레이스의 아폴로 반응로(Apollo Reactor), 사
이언스 베슬의 방사능 오염과 EMP 충격파, 그리고 배틀크루저의 야마토 캐논이 있다. 흔히 고스
트의 핵무기와 사이언스 베슬의 이레디에이트만 핵 기술로 생각하기 쉽지만, 앞의 예에서 알 수
있듯이 테란은 사실상 원자력 제국이라고 할 수 있을 정도이다. 즉, 테란이 보유하고 있는 기술들
은 모두 별개의 것이 아니라 서로 밀접한 관련이 있어, 한 가지를 개발하면 다른 것도 덤으로 얻
을 수 있는 것이 많이 있다는 것이다. 그렇다면 테란 힘의 근원인 원자력은 어떤 것일까?

● 핵무기와 원자력 발전

스타크래프트에 나오는 무기 중에서 가장 강력한 것은
테란의 핵무기이다. 스타크래프트에서도 핵무기가 너무나
강력하기 때문에 제한 요인으로 꼭 고스트의 목표물 조준을

161

사이언스 베슬

필요로 하게 했다. 고스트에 의해 레이저 조준이 되면 붉은 점이 나타난다. 핵폭탄이 떨어질 때까지 고스트는 목표물을 조준하고 핵이 떨어지기를 기다려야 한다. 이때 눈치 빠른 유저들은 고스트의 위치를 찾아내기도 한다. 물론 디텍팅 기능이 있는 유닛이 있어야 가능하다. 발각된 고스트가 제거되면 핵폭탄도 같이 사라진다. 만약 핵폭탄을 사이언스 베슬에서 EMP 충격파와 같이 단순히 투하하는 식으로 사용했다면, 테란은 세 종족 중에서 확실한 우위를 차지했을 것이다. 여하튼 핵무기는 2차대전에서 일본을 순식간에 굴복하게 만든 강력한 무기임에는 틀림없다. 그렇다면 핵무기는 어떻게 그렇게 강력한 것일까?

쾅

폭발할 때 생긴 압력이 주변의 공기에 충격파를 만들기 때문에 폭발할 때 '쾅'하는 폭음이 들리게 된다. 총이나 대포뿐만 아니라 자동차의 내연 기관에서도 폭발이 일어난다. 자동차 엔진에서 폭발이 일어나도 시끄럽지 않은 것은 소음기를 장착하기 때문이다. 일부 운전자들이 멋을 내거나 출력을 높이기 위해 소음기를 제거하면 자동차는 매우 요란한 소리를 내게 된다.

어떤 물질이든 폭발하는 것의 원리는 모두 동일하다. 많은 반응물들이 동시에 반응하거나 하나의 반응이 더 많은 다른 반응을 연속적으로 유발하게 되면 **폭발 현상**을 일으키게 된다. 제분 공장과 같이 가루를 취급하는 공장이나 석탄을 쌓아 놓은 곳에서도 폭발 사고가 일어난다. 밀가루나 석탄가루와 같이 미세한 가루가 불꽃에 의해 격렬하게 반응하는 것을 분진폭발이라고 한다. 분진 폭발이 일어나는 것은 미세한 가루일 경우 표면적이 넓기 때문이다. 즉, 산소와 결합할 수 있는 기회가 그만큼 많기 때문에 폭발이 일어난다. 폭발 현상에서 필수적으로 나타는 것이 급격한 부피 팽창에 의한 압력의 증가이다.

총이나 대포는 고체 상태의 화약이 연소에 의해 기체 상태로 바뀔 때 엄청난 부피 팽창에 의한 압력을 이용한 것이다. 이와 같은 화학 폭발은 화학 반응 때 발생하는 물질의 상태 변화를 이용한 것이다.

하지만 이와는 달리 핵폭발은 물질이 소멸될 때 발생하

연쇄 핵분열 반응. 한개의 중성자가 충돌하여 핵분열을 일으키게 되면 2.5개 정도의 중성자가 방출되어 더욱 많은 반응을 일으키게 된다.

는 막대한 양의 에너지를 이용한 것이다. 아인슈타인의 $E = mc^2$ 라는 식으로 더 유명한 **질량-에너지 등가의 원리**는 질량이 에너지로, 에너지가 질량으로 전환될 수 있음을 나타내는 식이다. 이 식에서 유심히 봐야 할 것은 에너지가 '광속의 제곱' 만큼 발생한다는 것이다. 광속은 알려진 바와 같이 3×10^8 m/s이란 엄청난 빠르기를 가지는데, 이것의 제곱을 곱한 양이라니 정말 상상을 초월하는 양이다.

원자력의 놀라움은 1954년 첫 출항한 원자력 잠수함 **노틸러스호**의 세계일주 잠항으로 증명되었다. 원자력 잠수함은 디젤 잠수함의 치명적인 단점이었던 잠항 시간을 획기적으로 개선시킬 수 있었다. 그것은 원자력 발전에서는 산소가 필요 없기 때문이었다. 디젤 엔진의 경우 실린더 내부에서 연료가 연소하기 위해서는 많은 양의 산소가 필요하다. 수중에서는 충분한 양의 산소를 공급시킬 수 없었기 때문에

〈U-571〉 디젤 잠수함은 배터리 충전을 위해 한번씩 수면으로 올라와야 한다.

수면에서 배터리를 충전시켜 잠수를 하는 방식을 취했던 것이다. 영화 〈U-571〉에서 잠수에 필요한 전기를 가지고 있는지 묻는 장면은 바로 이 때문이다.

아인슈타인의 식이 뜻하는 바는 놀라움 그 자체였지만, 처음부터 바로 실용화 될 수 있었던 것은 아니었다. 아인슈타인도 자신의 식이 바로 실용화될 수 있을 것이라고는 생각하지 않았다. 그것은 모든 물질이 핵무기가 되는 것이 아니라, 고 순도의 우라늄이 필요하기 때문이다. 물론 꼭 우라늄이라야 핵반응을 통해 필요한 에너지로 바뀌는 것은 아니다. 우라늄을 사용하는 것은 단지 우라늄 원자가 불안정하여 분열시키기 쉽기 때문이지 다른 물질들이 에너지로 바뀔 수 없다는 것은 아니다.

핵폭탄에 의한 버섯구름

수소폭탄의 폭발 모습

핵폭탄은 가장 강력한 무기이다.

핵무기는 **핵분열**과 **핵융합**의 두 가지 방식의 폭탄이 있다. 핵분열에 의한 핵무기를 원자 폭탄이라고 하며, 핵융합에 의한 것은 **수소폭탄**이라고 부른다. 원자 폭탄은 중성자를 플루토늄 핵에 충돌시켜 핵이 분열할 때 튀어나온 중성자가 또 다른 핵을 때리는 식의 연속 반응에 의해 발생하는 에너지를 이용하는 방식이다.

수소폭탄은 중수소의 원자핵과 삼중수소의 원자핵이 결합하여 헬륨이 생성되면서 방출된 중성자에 의한 연쇄 반응을 이용한 것이다. 순수한 수소폭탄의 경우에는 방사능 낙진이 발생하지 않고, 원자 폭탄과 같이 반응을 위한 임계량(핵반응을 일으키기 위한 최소한의 양)이 없기 때문에 소형화가 가능하다. 따라서 스타크래프트에서 사용하는 폭탄의 경우 방사능 낙진이 없는 것으로 미루어 소형 수소폭탄일 것이라고 추정해 볼 수 있다. 방사능 낙진이 있다면 폭발 현장을 지날 때 에너지가 소모되어야 하며, 특히 저그의 경우 피해를 많이 입어야 한다.

● EMP

핵폭발의 3대 효과에 더불어 현대의 전자전에서 관심을 보이는 것이 바로 **EMP(Electro Magnetic Pulse)** 효과이다. 핵폭발이 일어날 때 발생한 방사선 중 일부가 강력한 **전자기 펄스**를 만들어낸다. 발생한 전자기 펄스는 주변의 전자 장비를 순식간에 무력화시켜 버린다. 전자기파는 전류가 흐르는 곳이면 어디나 발생하지만, 특히 핵폭발의 EMP를 중요하게 생각하는 것은 그것이 다른 것과 달리 매우 강력하기

핵폭발의 3대 효과

핵폭탄의 효과는 폭풍(50%), 열선(30%), 방사선(20%)으로 나누어 생각할 수 있다. 핵폭탄이 터지면 이천만 ℃가 넘는 열이 발생한다. 이 열에 의해 주변의 물질들이 급격하게 팽창하여 폭풍을 일으킨다. 발생한 폭풍은 충격파를 형성하여, 소리보다 빨리 공기 중에 전파되어 주변의 건물과 병력을 날려 버린다. 폭발의 중심에서 발생한 화구(fire ball)에서 열선과 방사선이 빛의 속도로 진행해서 미처 피할 사이도 없이 병력에 피해를 입힌다. 직접 방사선에 피폭될 경우 즉사하거나 암과 같은 후유증이 유발된다.

펄스

펄스는 마치 파동이 맥박과 같이 뛰는 것을 말한다. 나무에 줄을 매어 놓고 한 번 흔들어 주었을 때 생긴 파가 펄스이다. 주기가 수 초 이하인 펄사(pulsar)라는 별은 규칙적으로 펄스를 방출한다고 해서 붙여진 이름이다.

EMP는 프로토스의 쉴드를 사라지게 한다.

〈브로큰 애로우〉 핵폭발에 의해 EMP가
발생하자 헬리콥터가 추락한다.

핵폐기물

핵폐기물이라 하면 흔히 핵연료
의 남은 부분을 생각하지만, 이
외에도 핵발전소에서 사용하고
남은 의복, 장갑, 수건 등을 세탁
한 물과 각종 장비들도 여기에
속한다.

때문이다. 영화 〈브로큰 애로우〉에서 지하에서 핵폭탄이 터
지자 지면에는 지진파가 발생해서 전파되고, 공중의 비행기
는 EMP 때문에 추락하게 되는 장면이 있다. 영화 〈오션스
일레븐〉에서는 강력한 EMP 발생장치를 이용해 카지노를 정
전시키기도 한다.

충격파(shock wave)는 초음속 비행기와 같이 파동이
중첩되었을 때 형성된다. 초음속 비행기는 소리보다 빨리
움직이기 때문에 소리의 진행을 앞질러가게 된다. 따라서
먼저 퍼져나간 소리가 뒤의 소리와 중첩되면서 폭발적인 소
리인 충격파가 형성되는 것이다. 스타크래프트에서 EMP는
엄밀한 의미의 충격파는 아니지만, 프로토스에게 충격적인
파동이라는 의미에서 붙여 놓은 듯하다.

● 이레디에이트 : 핵폐기물의 완벽한 활용?

핵폐기물 처리장 건설은 항상 골치 아픈 문제를 야기 시킨
다. 그것은 **핵폐기물**이 다른 화학적 폐기물과 달리 오랜 세월
동안 그 독성이 쉽게 사라지지 않는다는 데 있다. 또한 우리
나라의 경우 핵폐기물에 대한 시민들의 선입견과 믿음을 주
지 못하는 정부의 일처리에도 그 원인이 있다고 할 수 있다.
핵폐기물은 드럼통에 밀봉되어 지하 깊숙한 곳에 보관되어
일반적으로 안전하다고 여겨진다. 일반적으로 안전
하다는 것은 무엇을 의미하는가? 이는 운반 또는 보
관상의 실수로 인한 사고의 위험이 '0'이 아니라는
뜻이다. 이 때문에 부안군에 핵폐기물 처리장 설치가
주민들의 강한 반대를 불러일으킨 것이다.

스타크래프트에서 재미있는 것은 이러한 핵폐기
물을 버리는 것이 아니라 무기로 사용한다는 것이다.

저그는 이레디에이트 공격에 매우 취약하다.

이레디에이트가 바로 이 기술인데, 방사성 물질을 적에게 투하함으로써 생물체를 방사선 오염시킨다. 이레디에이트는 '(방사상의) 복사선을 비추다'라는 의미를 가지고 있는데, 단순히 방사선을 쏘는 것이 아니라, 지속적인 피해를 입히는 것으로 방사성 물질을 투하한 것으로 추측할 수 있다.

핵폐기물이외에도 사이언스 베슬은 방사성 독물을 저그에게 사용할 수도 있다. 이러한 방사성 독물은 단기간에 걸쳐 방사능을 지속하기 때문에 게임 속에서 보여 지는 것과 같이 일정시간이 지나면 그 효과가 사라진다. 이렇게 특정지역을 방사성 독으로 오염시킬 때 사용할 수 있는 방사성 물질로는 ^{89}Sr(스트론튬), ^{90}Y(이트륨), ^{103}Ru(루테늄), ^{127}Te(텔루르), ^{140}Ba(바륨) 등이 있다. 이 원소들의 **반감기**는 스트론튬 50일, 이트륨 64시간, 루테늄 39일, 텔루르 9시간, 바륨 13일 등으로 짧은 편이다. 반감기는 방사성 물질의 절반이 붕괴하여 안정된 다른 물질로 바뀌는데 걸리는 시간으로, 반감기가 길수록 오랜 시간 동안 방사선을 내게 된다. 오랜 시간이 지나는 동안 붕괴되어 안정한 물질로 바뀌어 버렸기 때

〈K-19〉 원자로를 수리하기 위해 원자로 속으로 들어갔던 승조원이 구토를 하는 모습

문에, 이와 같이 반감기가 짧은 원소들은 자연 상태에는 존재하지 않는다. 따라서 이레디에이트는 루테늄과 같이 반감기가 짧은 원소를 생물체에게 투사하는 것으로 생각할 수 있겠다. 루테늄의 경우 치사량이 2g밖에 되지 않을 정도로 독성이 강하기 때문에 방사선이 아니라도 충분히 생물체에게 던질만 하다고 하겠다.

스타크래프트에서는 사이언스 베슬에 의해 이레디에이트에 맞은 유닛은 녹색 연기와 같은 것에 둘러싸이게 된다. 방사능 오염이 아니라, 복사선을 비춘다는 식의 표현을 사용한 것은 방사성 물질에서 방사선이 나온다는 것을 나타내는 것이다. 저그와 같이 생물체 유닛들에게 방사선은 치명적이다. 영화 〈K-19〉에서는 소련의 원자력 잠수함이 고장나는 바람에 방사선에 노출된 승조원의 비참한 모습이 생생하게 그려진다. 이와 같이 많은 양의 방사선에 노출되면 순식간에 목숨을 잃을 수도 있을 만큼 위험하다.

방사선과 돌연변이

방사선에 의해 돌연변이가 발생하는 것은 방사선이 DNA를 손상시키기 때문이다.

스타크래프트에서는 오염된 유닛이 죽게 되면 방사능도 사라지지만, 실제로는 생물체의 생사와는 상관없이 방사능은 쉽게 사라지지 않는다. 지난 2000년 한국원자력 연구소에서는 점토와 고분자 물질을 이용해 누출된 방사성 물질을 제거할 수 있는 점토 제염제를 개발했다. 이 물질을 이용해 오염지역의 방사성 물질을 흡착시켜 제거할 수 있다. 이 경우에도 흡착된 물질을 진공흡입기를 통해 회수를 하는 것이지 방사능을 사라지게 하는 것은 아니다. 방사성 물질은 오로지 충분한 시간이 흘러 방사능이 사라질 때까지 밀봉해두는 수밖에 없다. 방사성 물질인 우라늄은 연속적인 붕괴를 통해 납이 되면 안정한 상태가 된다.

　방사선이 핵발전소와 같은 곳에서만 나오는 것이라고 생각하는 것은 잘못된 생각이다. 방사선은 자연 방사선와 인공 방사선으로 나눌 수 있다. 자연 방사선은 우리 주변에서 흔히 접할 수 있는 것으로 지각이나 우주에서 쉴 새 없이 우리에게 날아온다. 심지어는 인체에도 방사성 물질이 포함되어 있기 때문에, 내 옆 사람에 의해서도 우리는 피폭을 당하고 있는 셈이다.

　저그는 테란의 방사선 공격에 무력하게 당하고 있어야 할까? 저그의 놀라운 능력으로 봐서 그렇지는 않을 것 같다. 하지만 과연 생물이 강력한 방사선을 견뎌낼 수 있을까? 놀랍게도 자연에는 150만 rad에서도 견뎌내는 미생물이 있다. 이 정도 방사선이라면 치사량의 3000배에 해당하는 방사선량으로 어떤 생물의 DNA도 버텨낼 수 없다. **데이노코쿠스 라디오듀란스(Deinococcus radiodurans)**는 이와 같이 높은 방사선에 노출되어 손상된 DNA를 하루가 지나면 모두 복구해 버린다. 따라서 저그는 테란에게 몇 번의 방사선 공격을 받고나면, 방사선에 잘 견디는 돌연변이 종이 출현하거나 DNA를 복구하는 법을 익히게 될 것이다 (저그의 에볼루션 쳄버는 원래 이런 일을 하는 곳이다).

　하지만 손상된 DNA를 복구하는 것보다 더 좋은 방법은 방사선 피해를 입지 않도록 방사선을 차폐하는 것이다. 일반적으로 방사선을 막을 때는 납으로 된 무거운 옷을 입거나, 콘크리트 벽 뒤에 숨는다. 이것은 납이 방사선을 잘 막아내는 특수한 물질이기 때문은 아니다. 일반적으로 밀도가 높을수록 방사선을 잘 막아내는데, 밀도가 높으면서도 가격이 낮은 물질이 납이기 때문에 납을 사용한다. 최근 미국의 방호

업체에서는 납 성분 없이 방사선을 막아내는 섬유를 개발했
다고 해서 화제가 되기도 했다. 따라서 저그도 방사선 피폭
후 DNA를 복구하는 것보다는 아예 차폐시킬 방법을 강구하
는 것이 좋을 것이다. 인도의 과학자들은 커피의 카페인 성
분이 방사선 피해를 줄여줄 수 있다고 주장했다. 그렇다면
저그도 대량의 커피를 마시고 테란과 전투를 할지도…

마법의 수

원자는 원자핵과 그 주위를 도는 전자로 구성되어 있다.
원자핵은 핵자(nucleon)라고 불리는 양성자(proton)와 중
성자(neutron)로 이루어져 있다. 질량은 양성자가 1.6726
$\times10^{-24}$g, 중성자는 1.6749×10^{-24}g, 전자는 9.107×10^{-28}g 로 양성자

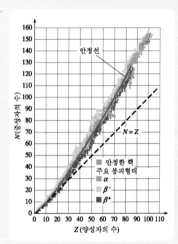

와 중성자의
질량은 비슷하
며, 전자보다
약 천 팔백배
무겁다. 따라
서 원자 질량
의 대부분은
원자핵이 가지
고 있다. 양성
자는 양(+)전
하, 전자는 음
(−)전하를 가
지고 있으며,
중성자는 전하
를 가지고 있
지 않다. 원자
가 전기적으로
중성을 띠는
것은 바로 양

알려진 핵종의 양성자에 대한 중성자의
비를 나타낸 도표. 양성자에 대해 중성
자의 비가 1.5배 정도 일때 안정함을 알
수 있다.

성자와 전자의 수가 같기 때문이다. 양성자수는 원자번호
라고 하며 Z로 표시한다. 중성자수는 N을 표시하며 양성
자와 중성자를 합하면 원자의 질량이 된다. 원자의 질량을
질량수 A로 표시하면 'A=Z+N'의 관계가 있다.

누구나 우라늄이 방사성 원소이기 때문에 위험하다는 생
각을 하지만 철은 위험한 원소라고 생각하지 않는다. 또
한 알루미늄이나 구리, 금, 은 등등 방사성 원소가 아닌
것이 훨씬 더 많다. 어떤 원소는 방사성 원소이고 어떤
것은 그렇지 않을까? 방사성 원소가 되는 것은 원자핵이
불안정하기 때문이다. 따라서 철과 알루미늄과 같은 원
소는 우라늄에 비해 원자핵이 상대적으로 안정하다고 할
수 있다. 원소들의 원자핵 속에 있는 양성자수에 대한
중성자수를 조사해 보면 일정한 경향성을 발견할 수 있
다. 즉, 낮은 원자번호의 안정한 원소의 핵은 대략 같은
수의 양성자와 중성자를 가지고 있다. 양성자수 20 이상
에서는 양성자에 대한 중성자수가 점차 많아진다. 이 비
율이 1.5배까지는 안정한 원소가 되지만, 이 범위를 넘어
서면 일반적으로 방사성 원소가 된다. 그런데 재미있는
사실은 이러한 경향성과 상관없이 양성자의 수나 중성자
수가 2, 8, 20, 28, 50, 82일 때와 중성자수가 126인
때는 원자핵이 안정하여 방사성 원소가 되지 않는다. 이
는 이들 원소의 원자핵의 결합 에너지가 크기 때문이다.
이 수가 주기율표와 같이 일정한 주기성을 띠기 때문에,
이 수를 마법의 수(magic number)라 부른다. 우주에
존재하는 원소들 중 마법의 수와 관련된 헬륨(2), 산소
(8), 칼슘(20), 니켈(28) 등이 많은 것은 이 원소들이 안
정하기 때문이다.

히히히
맛있겠다

파파팟

전기구이 오징어?

하이템플러의 사이오닉 스톰

저 그나 테란은 프로토스보다 많은 자원과 유닛을 가졌다고 하여도 잠시도 방심할 수 없는데, 바로 하이템플러(High Templar)라는 강력한 유닛이 있기 때문이다. 하이템플러는 '고등 정신 기능을 소유한 기사'라는 뜻으로 체력은 약하지만, 사이오닉 스톰(Psionic Storm)으로 마치 폭풍처럼 적을 일순간에 쓸어버릴 수 있다. 프로게이머의 경기에서 화면 가득히 작렬하는 사이오닉 스톰의 화려한 모습은 관객들의 박수를 받기에 충분한 기술이다. 그렇다면 사이오닉 스톰의 정체는 무엇일까?

● 사이오닉 스톰 : 강력한 전자기 폭풍

사실 사이오닉이라는 단어는 없다. 사이오닉 스톰을 굳이 풀이한다면 정신력에 의한 전자기 폭풍이나 강력한 하전 입자의 회오리 정도로 풀이하는 것이 좋을 듯하다. 화면상에 그려지는 모습을 보면 강력한 전기 방전이나 번개와 모습이 비슷하다. 하이템플러가 결합해서 만들어지는 아콘이

저그에게 사이오닉 스톰을 사용하는 하이템플러

사용하는 무기를 보면 전기 방전을 이용한 듯이 보이기 때문에 사이오닉 스톰도 어떤 전기적인 무기라고 볼 수 있을 것이다.

물론 뛰어난 고등 정신 기능을 가지고 있다고 하더라도 사이오닉 스톰을 일으킬 수는 없다. 하지만 자연의 동물들 중에 하이템플러와 같이 고등 정신 기능은 없지만, 이미 전기를 무기화해서 사용하고 있는 녀석들이 있다. 이들의 특징은 모두 물에 사는 동물이라는 점이다. 강물이나 바닷물과 같이 불순물이 들어 있는 물은 훌륭한 전도체의 역할을 하여 전기를 잘 전달하기 때문이다. 이와 반대로 공기는 절연체이기 때문에 전기를 거의 흘려보내지 않아 육지에는 전기를 무기로 사용하는 동물이 없다.

전기를 일으키는 **전기 물고기**로 잘 알려진 것에는 전기메기, 전기뱀장어, 전기가오리가 있다. 전기메기는 450V, 전기뱀장어는 800V, 전기가오리는 30V 정도의 전압을 낼 수 있다. 그리고 전기뱀장어의 발전기 출력은 1000W(와트)에 달한다. 민물에 사는 전기뱀장어나 전기메기가 해수에 사는 전기가오리에 비해 전압이 높다. 민물에 사는 물고기가 바닷물에 사는 물고기보다 높은 전압을 내는 것은 강물이 부도체(열이나 전기를 전달하기 어려운 물체)에 가깝기 때문이다. 전압이 낮으면 바로 옆에 있는 물고기에게만 영향을 줄 뿐이므로 위협적이려면 전압이 높아야 한다. 순수한 물은 전기가 흐르지 않는데, 전자를 이동시킬 이온이 없기 때문이다. 하지만 순수한 물이 아닌 강물이나 바닷물에는 전자를 이동시켜줄 이온이 존재한다. 이온은 전하를 띤 원자를 말하며 전압이 걸린

 동물전기

갈바니가 전기 물고기들을 동물전기라고 불렀던 것은 당시의 실험 수준으로는 근육신경조직에 대한 연구를 할 수 없었기 때문이었다. 또한 그가 전기가 생명 현상과 관련 있는 유체라는 주장을 받아들였기 때문이기도 했다.

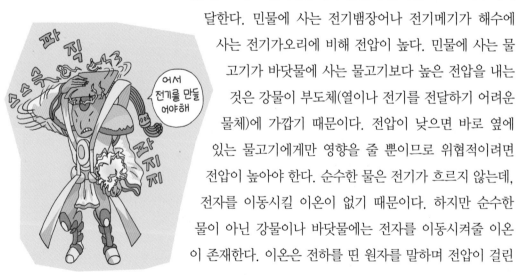

어서 전기를 만들어야해

수용액에서 이동이 가능하다. 강물에는 이온의
양이 적지만, 바닷물에는 이온이 아주 풍부하
다. 바다에 사는 전기가오리가 일으키는 전압은
40V 이하로 낮지만, 전류의 강도가 센 이유가
여기에 있다. 전기물고기가 전기를 일으킬 수
있는 것은 횡문근이 변해서 된 전기판이라는 발
전 기관을 가지고 있기 때문이다. 각각의 전기

남아메리카 전기 뱀장어

판이 일으킬 수 있는 발전량은 얼마 되지 않지만, 이것이 직
렬로 연결되어 있어 총 전기량이 많은 것이다.

대부분의 동물들도 전기적 신호로 자극이 전달되기 때문
에 약한 전류가 흐른다. 심장의 상태를 체크하는 심전도라
는 것도 심장에 흐르는 전류의 변화를 측정하는 장치이다.
이와 같이 동물의 몸에 전기가 흐른다는 사실은 매우 놀랍
게 느껴진다. 볼로냐 대학의 해부학 교수 **갈바니(Luigi
Galvani)**는 전기물고기에 의한 전기와 라이덴병의 방전
현상이 유사한 것이라고 생각했다. 갈바니는 동물이 전기를
만들어내는 것에 관한 연구를 하기 위해 정전기를 개구리의
뒷다리에 흘리는 실험을 하였다. 실험 도중 전기를 흘리지
않고 금속 고리를 다리에 접촉시켜도 다리가 움직이는 것을
관찰했다. 갈바니는 이러한 실험 결과를 뇌에서 전기가 만
들어져 다리를 움직이는 것이라고 했고 이를 '**동물전기
(animal electricity)**' 라고 불렀다.

갈바니의 전기 실험에 대해 **볼타**(Alessandro Giuseppe
Antonio Anastasio Volta)는 생명 현상의 관점이 아니
라 물리적인 현상으로 이를 설명해야 한다고 주장했다. 볼
타는 이에 대한 연구를 하여 갈바니 전기가 화학 전지에서
일어나는 현상과 같은 것임을 밝혔다. 즉, 갈바니의 실험은

볼타

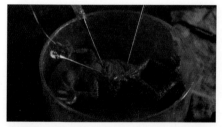
〈프랑켄슈타인〉 전류가 흐르자 개구리의 다리가 움직였다.

두 개의 서로 다른 금속을 개구리 다리에 접촉시킴으로써, 이온화 경향 차이에 의해 전류가 흘렀음을 밝힌 것이다. **전압**의 단위인 V(볼트)는 화학 전지에 대한 그의 업적을 기려 붙여진 것이다.

볼타의 이러한 연구에도 불구하고 동물전기 또는 전기의 신비한 힘에 매료된 사람들이 많이 있었다. 즉, 전기 치료라는 것이 유행해 마치 전기가 만병통치약인 듯이 떠들고 다니는 의사들이 많이 있었다. 동물전기와 전기 치료에 대한 이야기는 쉘리의 〈프랑켄슈타인〉에서 이야기의 중요한 모티브가 된다. 당시 전기에는, 신비한 힘이 있다고 믿었기 때문에 시체에 전기를 흐르게 하면 다시 살아나게 할 수 있다고 생각했던 것이다. 하지만 전기가 생명을 주기는커녕 너무 많이 몸에 흐를 때는 감전 사고를 일으키게 된다. 전류가 심장을 타고 흐르면 심장 박동 리듬이 엉켜버려 심장마비로 이어지게 된다. 또한 신경을 타고 흐르게 되면 신경마비가 오기도 하며, 과도한 전류가 흐르는 곳은 화상을 입기도 한다.

영화〈쥬라기 공원〉에서 전기 담장을 넘던 소년이 갑자기 전류가 흐르자 튕겨져 나가 심장이 뛰지 않자 심장을 두드리는 장면을 볼 수 있다. 갑자기 몸에 전류가 흐르면 근육에 과도한 수축 신호가 전달되어 근육이 일시에 수축될 수 있고 이렇게 되면 영화 속의 소년과 같이 튕겨 갈 수 있다. 또한 인간의 한계를 넘어선 힘을 내는 경우가 간혹 있는데, 이 때에도 근육이 손상을 입으면서도 동시에 많은 근육이 수축되기 때문에 큰 힘을 내게 된다. 평소에는 근육을 보호하기 위해 이렇게 과도한 신호를 내려 보내지 않지만,

〈쥬라기 공원〉 전기담장에 갑자기 전류가 흘러 튕겨 나온 티미를 그랜트 박사가 안는다.

목숨이 달린 급박한 상황에서는 이러한 고통을 잊어버리게 된다. 탈옥하는 죄수가 높은 담장을 뛰어넘었다는 이야기나, 자동차에 깔린 아이를 구해내는 어머니의 힘은 바로 이러한 데서 나온다. 전기물고기의 재미있는 점은 하이템플러와 마찬가지로 언제든지 발전 가능한 것이 아니고 몇 번 발전 후에는 다시 에너지를 보충해야만 발전할 수 있다는 것이다. 세상에 공짜는 없는 법이다. 어떤 일을 하기 위해서는 항상 에너지가 필요하게 된다.

사이오닉 스톰의 모습이 어디서 많이 본 듯하지 않은가? 일상생활에서 흔히 볼 수 있는 **번개**의 모습과 매우 유사하다. 사이오닉 스톰이 적에게 무서운 무기이듯이 번개의 정체를 몰랐던 옛날에는 번개가 두려움의 대상이었다. 번개의 전압은 1–10억 볼트로 상상을 초월하는 고압이다. 영화〈백투더 퓨처〉에서 번개를 이용해 드로리안(타임머신)을 작동시키는 재미있는 장면이 있다. 번개를 활용하는 것이 어렵지만, 이를 전기 에너지로 사용할 수 있다면 100W 전구 10만 개를 1시간 동안 켤 수 있다.

사이오닉 스톰의 아이콘이나 번개를 그림으로 그릴 때는 꺾어진 직선으로 그린다. 번개의 모양이 이렇게 꺾어진 직선 모양인 이유가 있을까? 번개는 뇌운(雷雲)에서 발생하는데 구름은 음(–)으로, 지면은 양(+)으로 대전될 때 생긴다. 구름이 수억 볼트 이상 대전되면 공기를 이온화시켜 번개가 친다. 번개는 전자의 흐름이기 때문에 저항이 적은 최단거리로 지면에 내려오려고 한다. 즉, 공기 중에서 이온화가 된 곳과 습기가 많은 곳으로 흘러가게 된다. 번개가 친 것을 보고난 후 우르르 쾅쾅하고 천둥소리가 들린다. 번개는 순간적인데, 천둥소리는 길게 들리는 이

번개의 정체

미국의 뛰어난 정치가이며 과학자였던 프랭클린(Benjamin Franklin)의 실험을 통해서 비로소 번개가 전기 현상이라는 것이 밝혀졌다. 프랭클린은 전기의 많고 적음을 양(+)과 음(–)으로 표시하는 방법을 고안했으며, 성질이 다른 전기는 서로 끌어당긴다는 사실도 알아냈다. 그는 일종의 콘덴서인 라이덴병으로 비오는 날 연을 날려 병 속에 전기를 모음으로써, 번개가 정전기의 방전 현상임을 증명했다.

유는 무엇일까? 보통 번개의 통로는 1km 정도이다. 번개는 이 거리를 1ms(밀리 초, 천분의 1초)에 지나간다. 하지만 소리는 1초에 340m 밖에 진행하지 못한다. 번개는 1km를 1ms에 지나가지만 소리는 3초 정도 걸리기 때문에 소리가 길게 난다. 즉, 번개가 1km를 진행하는 동안 천둥소리를 만들기 때문에 소리가 늦게 도달할 뿐 아니라 길게 들린다.

번개의 소리가 크고 웅장한데 비해, 사이오닉 스톰은 '찌지직' 하는 소리로 차이가 난다. 사이오닉 스톰의 소리는 소규모 방전일 때 나는 소리이기 때문이다.

번개의 생성 원리. 번개는 일종의 방전현상이다.

도대체 뭘 쏘는 거야?

포톤 캐논과 드래군의 양자와 반물질

프로토스의 포톤 캐논(Photon Canon)은 매우 유용한 방어 수단이다. 간혹 포톤 캐논을 몰래 공격에 사용하는 경우도 있기는 하지만, 입구나 넥서스(Nexus) 주변에 설치하는 것이 일반적이다. 프로토스에게 질럿과 함께 드래군(Dragoon)은 기본 유닛이다. 특히 드래군은 대공 대지 공격 능력을 모두 갖춘 프로토스의 주력 유닛이다. 프로토스는 매우 뛰어난 과학 기술을 가지고 있기 때문에 무기도 테란보다는 한수 위인 듯하다. 그렇다면 포톤 캐논에서 발사되는 포톤은 무엇일까? 또한 드래군이 발사하는 반입자 에너지 탄은 어떠한 무기일까?

● 무늬만 대포 : 포톤 캐논

프로토스의 모든 무기나 유닛은 상당히 종교적인 분위기를 많이 풍긴다. 포톤 캐논 또한 전설상에 등장하는 살인 광선 무기에서 그 이미지를 가지고 온 듯이 보인다. 즉, 외부에서 적이 쳐들어오면 거대한 콜로서스에서 광선이 나와서 적의 배를 불태운다는 이야기나, 시라쿠사의 아르키메데스가 침략하는 로마군의 배를 거대한 거울(또는 방패)을 이용해 불태웠다는 이야기 같은 데서 말이다.

포톤 캐논

빛의 본성과 성질에 대한 논의는 아주 오래된 과학의 주제 중 하나였다. 피타고라스학파는 눈에 보이는 물체는 모두 입자를 방사하고 있다고 하였고, 아리스토텔레스는 빛은 물결처럼 나아가는 것이라고 주장했다. 이렇게 시작된 빛의 본성에 관한 논쟁은 뉴턴 이후로 300년 동안 절정에 달하게 된다. 뉴턴은 빛이 입자라 생각 했고 **호이겐스(Christiaan Huygens)**는 빛이 파동이라고 생각했다. 뉴턴은 호이겐스의 파동설을 반박하면서 암실에서 빛을 프리즘을 통해 분해하고 합성하는 실험을 통해 빛이 입자라는 것을 실험으로 증명하였다. 이러한 실험결과와 뉴턴의 명성이 호이겐스의 파동설을 눌러버린 것이다.

뉴턴링. 빛이 간섭을 일으켜 나타나는 현상으로 빛이 파동의 성질을 가지고 있기 때문이다.

호이겐스

호이겐스는 스넬의 굴절의 법칙을 소개한 사람으로 호이겐스의 원리로 유명하다. 호이겐스의 원리는 빛의 파동적 성질을 이해하는 데 유용하다. 호이겐스는 모든 파면에서의 점들은 다음 파를 만드는 파원의 역할을 한다고 생각하였다. 이러한 호이겐스의 원리는 빛의 회절을 설명해 낼 수 있었으며, 후일 영의 간섭 실험에 의해 그의 생각이 옳다는 것이 증명되었다.

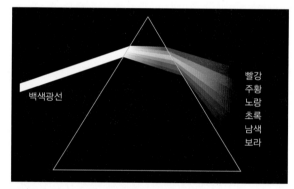

백색광선

빨강
주황
노랑
초록
남색
보라

프리즘에 의해 여러가지 스펙트럼으로 분해된 빛

하지만 뉴턴 자신도 풀지 못한 의문이 있었으니, **뉴턴링**으로 불리는 현상이었다. 이것은 비눗방울과 같이 얇은 막에서 나타나는 **간섭 무늬**였는데, **입자설**로는 간섭을 설명할 수 없기 때문이었다. 입자설을 누르고 파동설이 확고한 위치를 차지하게 되는 실험이 의사 출신의 **영(Thomas Young)**에 의해 이루어졌다. 영은 이중 슬릿을 이용해 빛의 간섭 무늬를 만들어냈는데, 빛이 입자라면 간섭 무늬는 만들어질 수 없는 것이었기 때문에 입자설은 위기를 맞게 된다. 파동은 '1+1=0'이 될 수 있지만, 알갱이는 그럴 수 없었기 때문이다.

영의 실험으로 빛의 입자설은 사라지는 듯이 보였다. 하지만 **광전효과(photoelectric effect)**에 대한 **아인슈타인(Albert Einstein)**의 설명을 계기로 다시 부활하게 된다. 광전 효과를 파동설로 설명하려면 두 가지 문제점이 있었다. 어떻게 하여 빛의 강도에 의해 튀어 나오는 전자의 에너지가 결정이 되는 것이 아니라 파장에 의해 결정이 되는 것일까? 또한 빛을 쪼이면 시간 지체가 없이 바로 전자가 튀어 나오는 것일까?

입사광자 금속표면 흡수되는 광자 금속에서 방출되는 전자

광전효과. 금속 표면에 빛을 쪼이면 광자는 흡수되고 전자가 튀어나온다.

파동설로 설명이 불가능했던 이런 질문에 1905년 아인슈타인이 **광양자(light quantum)**라는 개념을 사용해서 명쾌한 답을 한다. 아인슈타인은 빛이 연속적인 값을 가지는 것이 아니라 불연속적인 값을 가진 덩어리라고 생각하였다. 즉 아인슈타인은 빛이 파동이 아니라 광양자라고 하는 빛의 알갱이로 되어 있다는 것이었다. 이 알갱이는 물질이 원자라고 하는 기본적인 알갱이로 이루어졌듯이 빛도 더 이상 쪼갤 수 없는 가장 작은 단위의 알갱이들로 이루어져 있다는 것이다.

이렇게 빛이 알갱이로 이루어졌다고 가정을 하면 광전 효

광전효과

1887년 독일의 헤르츠(Heinrich Rudolf Hertz)는 금속의 표면에 빛을 쪼여주면 전자가 튀어 나오는 광전 효과를 발견했다. 헤르츠의 제자였던 레나르트(Philipp Edward Anton Lenard)는 광전 효과를 계속 연구하여, 빛의 강도를 증가시키면 방출되는 전자의 수가 늘어난다는 사실을 발견했다. 하지만 빛의 강도를 세게 해도 방출되는 전자의 수만 늘어날 뿐 더 높은 운동 에너지를 가진 전자가 튀어나오지는 않았다. 파동설에 의하면 빛의 강도를 높이면 더 높은 에너지를 가진 전자가 튀어 나와야만 했다. 즉, 빛이 파동이라면 전자는 연속적으로 분포하는 빛 에너지를 흡수하여 증가한 운동 에너지를 가진 전자가 있어야만 했다. 그러나 더 높은 최대 에너지를 가진 전자가 튀어나오게 하려면(더 많은 양의 빛이나 지속 시간이 아니라) 더 짧은 파장을 가진 빛을 쪼여야 했다. 파동설로 설명이 어려운 것은 이것뿐만이 아니었다. 빛을 쪼이면 전자는 시간지연 없이 바로 튀어 나왔다. 만약 파동이라면 빛의 에너지를 흡수하는 데 시간이 걸려야만 하는데 말이다.

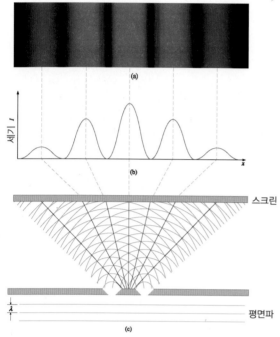

영의 이중슬릿실험. 이중슬릿을 통과한 빛이 스크린에 도달할 때 위상이 같은 지점에서는 밝은 무늬가 나타나고 위상이 반대가 되면 어두운 무늬가 나타난다. 이러한 간섭현상은 빛이 파동이라는 것을 의미한다.

과에서 제기된 문제들이 모두 풀린다. 광전 효과가 일어나기 위해서는 전자가 원자핵과의 결합을 끊을 수 있어야 했다. 이 때 전자가 결합을 끊기 위한 에너지를 빛에서 얻었기 때문에 이것을 광전 효과라고 했던 것이다. 이때 결합을 끊기 위한 최소한의 에너지를 **일함수(work function)**라고 한다.

금속에서 전자를 빼내는 데는 이와 같이 빛을 쪼여줄 수도 있지만 열을 가해도 전자가 튀어나온다. 이 전자를 열전자라고 한다. 빛이 알갱이로 이루어졌을 경우 일함수보다 적은 에너지를 가진 빛은 아무리 쪼여준다고 해도 전자가 튀어 나오지 않는다. 이는 전자들이 에너지를 받았다가 다시 방출해 버리기 때문이다. 따라서 빛을 아무리 오래 비추어도 알갱이 하나가 지닌 에너지가 작을 경우에는 전자가 튀어나오지 않는다.

또한 빛이 알갱이로 되어 있기 때문에 파동과 같이 흡수에 시간이 걸리지 않아 순식간에 전자가 튀어 나오게 된다. 빛이 알갱이로 되어 있어 흡수에 시간이 걸리지 않는 것은 마치 당구공의 충돌과 흡사하다. 즉, 당구공으로 당구공을 때리면 충돌 후 빠르게 움직이지만, 만약 입으로 분다면 움직이는 데 시간이 걸릴 수밖에 없다. 이렇게 하여 아인슈타인의 광양자 가설을 통해 뉴턴의 입자설은 다시 부활하게 된다.

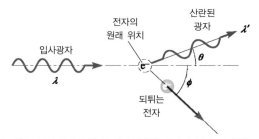

콤프턴 산란. 전자에 충돌한 광자는 원래의 에너지 보다 더 적은 에너지를 가진다.

알버트 아인슈타인. 그 당시 뿐 아니라 지금까지도 가장 유명한 물리학자이자, 가장 카리스마 넘치는 과학자로 남아 있다.

하지만 영에 의한 실험에서 알 수 있듯이 빛은 분명히 파동의 성질도 띠고 있다. 그래서 아인슈타인은, 빛은 파동의 성질과 입자의 성질도 가지고 있다고 했다.

아인슈타인의 광양자설은 미국의 **콤프턴(Arthur Holly Compton)**에 의해 확인이 된다. 콤프턴은 X선을 흑연 조각에 비추어 산란 실험을 하였다. 이 실험에서 산란된 X선은 산란전의 원래 X선보다 파장이 길어진 것(X선의 에너지가 감소된)이 관측되었다. 이것은 X선을 마치 당구공과 같은 덩어리로 생각했을 때의 계산 결과와 일치했지만, 파동으로는 설명할 수 없는 현상이었다. 이로써 아인슈타인의 광양자 가설은 실험으로 확인할 수 있게 되었고, 1921년 노벨 물리학상을 수상했다.

재미있는 것은 이 광양자설에 의해 양자역학이 발전될 수 있는 계기가 되었음에도 아인슈타인은 끝까지 양자역학을 인정하려 들지 않았다는 것이다. 그는 우주가 조화로운 질서에 의해 움직인다고 생각하고 만물의 법칙을 찾기를 희망했기 때문에 양자역학의 불확정성의 원리에 의한 확률적인 세계를 받아들일 수 없었다. 양자역학의 불확정성의 원리를 싫어한 아인슈타인은 "신들은 주사위 놀이를 하지 않

불연속적인 에너지

에너지가 불연속적인 값을 가진다는 아이디어는 열역학을 연구했던 독일의 플랑크(Max KarlErnst Ludwig Planck)에 의해 먼저 제시되었지만 별로 주목받지는 못했다. 아인슈타인의 광양자설에 의해 플랑크의 양자 가설 (quantum hypothesis)은 빛을 보게 되었으며, 후일 양자역학(quantum mechanics)이라는 현대 물리학의 한 분야를 개척한 위대한 사람으로 기억되었다.

는다"라는 유명한 이야기를 했다.

양자역학에서는 광양자를 **광자**(photon, 따라서 포톤 캐
논은 광자포라고 할 수 있다)라고 부른다. 물질들이 원자로
이루어졌듯이 빛은 광자로 이루어져 있다. 따라서 우리가
그림을 그릴 때 광선의 형태로 그리지만 사실은 연속적이
아니라는 것이다.

드브로이의 물질파 이론은
아인슈타인의 지지를 받았다.

양자역학을 개척한 독일의
이론 물리학자인 **막스 플랑크**.

현대 물리학에서 자연은 네 가지 근본적인 힘으로 이루
어져 있다고 본다. **입자물리학**에서는 이 힘들이 입자(양자)
를 매개로 하여 작용한다고 설명을 한다. 강력은 **글루온**
(gluon)이라는 입자가 매개하는 힘으로, 말 그대로 원자핵
을 풀(glue)과 같이 붙이는 역할을 하는 데서 붙여진 이름이
다. 약력은 W, Z **보손**(boson)이라는 입자에 의해 매개되
는 힘이다. 전자기력은 광자에 의해 매개되는 힘이다. 즉,
전자기력은 광자를 주고받음으로 인해서 전자기 상호작용
이 일어난다. 중력은 **중력자**(graviton)에 의해 매개된다고
생각된다. 이와 같이 입자들에 의해 힘들이 작용한다는 것
을 **게이지 이론**(Gauge theory)이라고 하는데, 현대 입자

물리학의 근간을 이룬다.

여하튼 포톤 캐논, 즉 광자포는 이름에서 거창한 어떤 느낌을 주는지는 모르지만 진짜로 광자를 쏘는 포라면 전혀 위력을 발휘할 수 없는 장난감에 불과할 것이다. 사실 이런 광자포라면 나도 집에 여러 대 가지고 있는데, 그것은 바로 전등이다. 전등에서 광자들이 많이 쏟아져 나오기 때문에 광자총이나 광자포라 해도 별 상관이 없다. 크라우스도 「스타트렉의 물리학(1995)」에서 '광자 어뢰(Photon Torpedo)'라는 무기가 사실 광자로 만든 것이 아니라고 지적하고 있다.

하지만 광자를 무기로 사용할 수 없다고 하여 무용지물로 여겨서는 안 된다. 광자는 매우 작기는 하지만, 에너지를 가지고 있기 때문에 여러 가지 일을 할 수 있다. 어떤 형태의 에너지는 다른 에너지로 전환되어 사용될 수 있기 때문이다. 광자로부터 얻어지는 빛 에너지는 태양열 온수기와 같이 열 에너지로 활용되거나, 태양전지와 같이 광전자 효과를 이용하여 전기에너지로 사용하고 있다. 광자의 운동에너지를 그대로 이용할 수도 있다. 그것이 바로 광자 로켓이다. 만약 손전등을 아무런 힘도 미치지 않는 우주 공간에 켜 놓는다면 손전등은 빛의 방향과 반대 방향으로 움직이게 된다. 하지만 광자의 운동 에너지가 너무 작기 때문에 아직

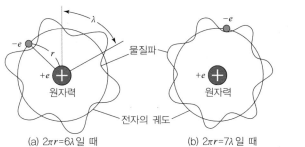

(a) $2\pi r = 6\lambda$ 일 때   (b) $2\pi r = 7\lambda$ 일 때   (c) $2\pi r = 6.5\lambda$ 일 때

물질파에 의한 원자 모형. 파동이 정상화가 되기위해서는 궤도 둘레가 파장의 정수배가 되어야 한다.

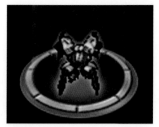
드래군

전자와 양전자의 쌍생성

반물질

반물질이라고 해서 물질의 반대라는 뜻은 아니다. 반물질의 입자는 물질의 입자와 전하나 양자수가 다른 입자를 말한다. 전자와 양전자는 다른 모든 것은 동일하며 단지 전하가 다를 뿐이다. 양성자와 반양성자의 관계 또한 마찬가지로 전하에서만 차이가 난다. 이렇게 모든 입자(광자나 파이온(π°)과 같은 몇 입자는 예외)에는 반입자가 존재하며, 반입자로 이루어진 물질을 반물질이라고 한다.

까지는 현실성이 없다. 이와 같이 광자는 무기로 사용되지는 못하지만, 모든 생명의 에너지원이 될 만큼 중요한 에너지 자원이다.

● 진짜 무서운 녀석 : 드래군

포톤 캐논이 이름뿐인 허수아비에 불과한 데 반해 드래군의 반입자 에너지 탄은 상당히 위력적인 무기이다. 사실 테란의 핵무기보다 드래군의 반입자 에너지 탄, 즉 **반물질**(antimatter) 폭탄이 훨씬 더 위력적이다. 원자 폭탄이나 수소폭탄의 경우 질량 결손 만큼의 에너지가 방출되는데, 이때 사라지는 질량의 양은 매우 적다.

하지만 반물질의 경우 반응에 참가한 물질 전부가 에너지로 변환된다. 이 때문에 영화 〈스타트렉〉의 우주선 엔터프라이즈호는 반물질을 우주선 추진 연료로 사용한다.

최초로 발견된 반물질 입자는 **양전자**(positron)였다. 양전자는 1932년 캘리포니아 대학의 **앤더슨(Carl David Anderson)**이 **우주선(Cosmic Ray)** 연구소에서 그 존재를 확인했다. 앤더슨은 **안개상자**(cloud chamber, 발명자의 이름을 따서 윌슨의 안개상자라고도 한다)를 통해 우주선(우주에서 지구로 날아오는 투과력이 강한 복사선)의 궤적을 감시하던 중 도저히 알 수 없는 궤적을 발견했다. 그 궤적은 전자와 모든 것이 동일하지만 단지 양(+)전하를 가졌다는 것만 달랐다. 그래서 앤더슨은 그것을 양전자라고 불렀다. 앤더슨은 최초의 반물질 입자인 양전자를 발견한 공로로 노벨상을 수상했다. 하지만 양전자는 앤더슨의 발견보다 먼저 수식에 의해 존재가 예견되어 있었다. 1928년 **디랙(Paul Adrien Maurice Dirac)**은 상대론적 양자이론이라고 불리는 **디랙 방정식(Dirac equation)**을 통해 반물질의 존재를 예견했다.

디랙은 뛰어난 이론물리학자로 양자역학에 대한 그의 식견은 놀라웠다. **슈뢰딩거의 파동방정식**이 상대론과 잘 들어맞지 않자, 디랙방정식이라는 상대론적 파동방정식을 만들어낸 것이다. 이 방정식에서 전자와 질량은 같지만 전하가 반대인 입자(반전자)의 존재가 예상되었다. 반전자에 대한 사람들의 이해가 쉽지 않았기 때문에 디랙은 이것을 구멍이라고 설명하였다. 그래서 이것을 디랙의 **구멍 이론(hole theory)**이라고 부른다.

강의 중인 디랙

앤더슨은 디랙의 반전자에 대한 논문을 읽지 않았기 때문에 자신이 발견한 것을 양전자라고 이름을 붙인 것이다. 물질과 반물질이 서로 충돌하게 되면 소멸되면서 순식간에 순수한 에너지의 형태로 변해 버린다. 역으로 생각하면 에너지로부터 물질과 반물질의 쌍이 생겨나게 된다는 뜻도 된

여기서 잠깐!

위대한 물리학자 디랙

디랙은 31살의 젊은 나이로 세계에서 가장 유명한 석좌교수 자리 중의 하나인 케임브리지의 루카스 교수로 임명된 천재였다. 루카스 석좌교수는 이전에 뉴턴이 맡고 있었던 자리며, 지금은 호킹(Stephen William Hawking)이 맡고 있는 영광스러운 자리이다. 디랙의 변환이론(transformation theory)은 슈뢰딩거(Erwin Schrdinger)의 파동방정식(wave equation)과 하이젠베르크(Werner Karl Heisenberg)의 행렬역학(matrix mechanics)을 모두 포함했다. 즉, 파동방정식과 행렬역학은 변환이론으로 유도가 가능했으며, 이 두 가지는 모두 동일한 것을 나타낸다는 것이다. 디랙은 초기의 양자역학과 맥스웰의 전자기이론을 합칠 수 있는 양자장론을 만들었다. 이 이론은 후일 양자전기역학(QED, quantum electrodynamics)의 토대가 되었다. 또한 디랙의 양자역학은 입자의 상태를 시간과 공간의 상태함수로 나타내었다. 이것은 빛의 이중성 논란에 대한 디랙의 깔끔한 결론에 해당한다. 즉, 빛이 파동이면서도 입자일 수 있다는 이해하기 힘든 상황을 디랙의 양자역학은 관측자에 따라서 원하는 답(파동이든 입자이든 상관없이)을 줄 수 있었다. 빛은 관측자가 입자의 성질을 원하면 입자의 성질을, 파동의 성질을 원하면 파동의 성질을 나타냈다. 이상의 설명에서 양자역학이 매우 어려운 것이라고 느꼈을 것이다. 물론 양자역학은 매우 어렵고 이해하기도 쉽지 않다. 하지만 양자역학은 인류가 만들어낸 가장 아름답고 완벽한 이론으로 막스 플랑크에 의해 시작되어 디랙에 의해 완성되었다는 것만은 알아두자.

슈뢰딩거

하이젠베르크

맥스웰

다. 이렇게 입자와 반입자가 동시에 생겨나는 것을 **쌍생성(pair creation)**이라고 하며, 아인슈타인의 질량–에너지 공식($E=mc^2$)을 따르게 된다. 이렇게 반물질이 예견되고 발견되었지만, 우리 주변에는 어디에서도 반물질을 발견할 수 없다. 우주가 탄생했을 당시에는 물질과 반물질의 양이 동일했다고 생각된다. 하지만 반물질의 붕괴 속도가 더 빨랐기 때문에 우리는 물질로 된 우주에 살고 있는 것으로 과학자들은 믿고 있다. 반물질은 불안정한 물질은 아니지만 물질과 만나게 되면 소멸되기 때문에 만들고 보관하기가 쉽지 않다. 그래서 아직까지는 반물질이라는 이야기를 하면 SF와 같은 느낌을 주는 것이다.

반물질을 물질과 결합하면 엄청난 양의 에너지를 방출하고 소멸한다.

　　드래군이 쏘는 것이 반물질 탄이라면 그 위력은 어마어마하다. 반물질 탄을 맞게 되면 물질과 반물질이 순수한 에너지 형태로 변하면서 방출하는 엄청난 양의 에너지 때문에 끝장나게 된다. 사실 핵무기는 반물질 탄에 비하면 아이들 장난감이나 다름없다. 아무리 강력한 배틀크루저나 울트라리스크라 하더라도 반물질 탄 앞에서는 맥도 못 추게 된다.

신출귀몰(神出鬼沒)

나이더스 커널, 아비터의 리콜

게임을 하다 보면 더 많은 자원을 얻기 위해 여러 군데 멀티 기지를 건설하게 된다. 이 때 취약한 기지를 적이 공격해 온다면 참으로 난감해 진다. 본진에서 멀티까지 병력을 이동시켜 기지를 방어하려고 가면 이미 기지가 초토화되어 있는 경우가 많기 때문이다. 따라서 〈스타트렉〉의 순간 이동 장치 같은 것이 있다면 매우 유용하게 사용되어 질 수 있을 것이다. 저그의 나이더스 커널(Nydus Canal)은 이와 같은 역할을 하는 것으로 참으로 멀티 방어에 유용하게 쓰일 수 있다. 나이더스 커널의 경우 본진과 전진 기지에 설치된 나이더스 커널을 통해 유닛을 순간 이동시킬 수 있기 때문이다. 프로토스의 리콜(Recall) 또한 아비터가 위치한 곳으로 순식간에 유닛을 이동시킬 수 있다. 그렇다면 나이더스 커널과 리콜은 어떻게 유닛들을 순식간에 다른 장소로 이동시키는 것일까?

● 물질 전송과 우주 여행

나이더스 커널과 아비터의 리콜은 이름만 다를 뿐 영화 〈플라이〉나 〈스타트렉〉에 등장하는 물질전송기와 크게 다르지 않다. 먼 거리도 순식간에 이동할 수 있는 **물질전송기**가 만들어진다면 우리 생활에 일대 혁신을 가져올 것이 분명하다. 더이상 지리적 장벽이라는 것이 존재하지 않을 것이기 때문이다. 물

아비터의 리콜

나이더스 커널

질 전송기에 비하면 비행기나 고속열차와 같은 것은 아주 원시적인 교통수단이기 때문이다. 지리 수업 시간에는 실지 지형을 일일이 방문해 볼 수 있을 것이다. 수학여행을 전 세계뿐 아니라 전송기가 설치되어 있다면 다른 행성까지도 갈 수 있다. 또한 영화〈타임라인〉에서와 같이 물질 전송기를 연구하다가 시간여행을 하게 될 지도 모른다. 이와 같이 물질전송 기술은 꿈과 같은 많은 일을 가능하게 하겠지만 아쉽게도 이는 현재의 과학과 기술 수준을 훨씬 뛰어넘을 뿐 아니라 과학적으로 가능한지에 대해서도 확신을 할 수 없다.

물질전송은 순간이동 또는 원격이동이라고도 하며, **텔레포테이션(teleportation)**이라고도 한다. 원리적으로 두 지점을 빠르게 갈 수 있는 방법을 크게 두 가지로 나누어 생각할 수 있다. 여기서 빠르게 간다는 것은 더 빠른 우주선을 뜻하는 것이 아니다. 빠른 우주선이라고 해도 빛의 속력에 비하면 터무니없이 느리기 때문이다. 너무나 당연하게 들리겠지만 빠르게 달리거나, 지름길을 선택하는 것이 바로 그것이다. 유닛이 이동할 수 있는 첫 번째 방법은 **양자 물질전송(quantum teleportation)**이라고 불리는 방법으로, 물질을 양자 상태로 쪼개서 순간 이동시킨 후 다시 조립하는

〈스타트렉〉 엔터프라이즈호는 반물질을 연료로 사용한다. 대원들은 행성에 착륙하지 않고 순간 이동을 통해 지상으로 내려 간다.

방법이다. 물론 이 방법도 우주선을 타고 달린다는 의미는 아니다. 크라우스가 「스타트렉의 물리학」에서 이 방법을 설명할 때만해도 이것은 영화 속에서나 가능한 일이라고 생각되었다. 하지만 1997년 오스트리아의

과학자들이 광자를 원격이동 시킴으로써 상상 속에서나 가능했던 일에 조금의 희망이 보이기 시작했다. 이후 각국의 물리학자들이 영화〈스타트렉〉의 순간 이동을 흉내 낸 많은 실험을 성공시켰다.

이러한 일이 가능한 것은 양자들의 '**얽힘(entanglement)**' 때문이다. 얽힘이라는 것은 마치 영화〈인디아나 존스〉에서 존스의 인형을 바늘로 찌르자 존스가 바로 고통스러워하는 것과 같이, 얽혀 있는 두 입자도 이와 같은 반응을 보인다는 것이다. 양자 얽힘 현상은 아인슈타인과 포돌스키, 로젠이 양자역학의 오류를 찾기 위해 주장했던 **EPR역설**(EPR은 아인슈타인, 포돌스키, 로젠의 앞 글자를 뜻한다)에 의해 관심을 끌게 되었다. 양자역학에 의하면 서로 얽혀있는 두 개의 전자가 아무리 멀리 떨어져 있어도 서로에게 순식간에 영향을 줄 수 있다. 하지만 두 전자가 한 곳에 있을 때는 상관없지만 멀리 떨어져 있을 때 서로 순식간에 영향을 주기 위해서는 빛 보다 빠르게 정보가 전달되어야 하는데, 아인슈타인은 빛 보다 빠른 것은 없기 때문에 이것은 불가능한 것이라고 했던 것이다. 하지만 1964년 아일랜드 벨파스트의 물리학자 존 벨은 전자 대신 광자를 사용하여, EPR역설이 역설이아니라 사실이라는 것을 밝혀냈다. 즉, 양자 역학이 옳다는 것을 다시 한번 증명한 것이다. 물론 광자하나, 그것도 광자의 양자상태를 이동시킨 것밖에 할 수 없는 상황에서 언제 물질을 분해해서 이동시킬 수 있을지는 알 수 없다. 물체를 어떻게 원자 단위 이하로 쪼갤 수 있을지도 알 수 없으며, 쪼갠 엄청난 양의 정보를 어떻게 저장하고 전송할 수 있을지 알 수 없다. 다만 프로토스의 경우에 기술이 무한정 발달

커널이 일종의 웜 홀이라면 순식간에 사라져 버린다.

한 종족이기 때문에 그것이 가능할 것이라고 가정해 보는 것이다. 따라서 아비터의 리콜은 양자 물질전송의 형태로 유닛을 이동시키는 방법으로 보인다는 것이다.

두번째 방법은 거리를 줄여(무협지에서는 '축지법'이라고 부른다) 순간이동 하는 것인데, 흔히 **웜홀(wormhole)**이라고 알려진 우주의 지름길을 이용하는 것이다. 저그의 나이더스 커널은 바로 이러한 웜홀을 이용한 것일 가능성이 많다. 커널(Canal)은 수에즈 운하(Suez Canal)와 같이 '운하'라는 뜻도 있지만, 생물체 내의 '도관'이라는 뜻도 있다. 즉, 하버스관(haversian canal)이나 시각신경관(optic canal)과 같이 관의 의미도 있다. 저그의 순간 이동 장치를 장치라고 하지 않고 커널이라고 부르는 것은 저그의 모든 건물도 생체조직이기 때문일 것이다. 저그의 나이더스 커널이 텔레포터(물질 전송기)의 역할을 한다고 할 수 있다. 저그는 생물체이기 때문에 텔레포터와 같이 기계적인 냄새가 많이 나는 것보다는 웜홀이 훨씬 잘 어울리는 느낌을 준다. 사과 표면을 통해서 기어가고 있는 벌레와 사과를 뚫고 반대편으로

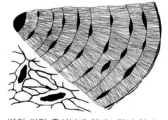

뼈의 가장 중심부에 하버스관이 있다.

기어가는 벌레를 생각해 보자. 어떤 벌레가 반대 지점까지 빨리 갈 수 있을까? 당연히 사과 속을 지나가는 벌레가 빨리 갈 것이다(물론 사과 속을 지나갈 때도 같은 속력으로 간다고 가정한다). 우주도 이와 같이 무수히 많은 웜홀들로 연결되어 있다고 과학자들은 믿고 있다.

프로토스의 넥서스는 고향 행성 아이우와의 연결을 통하여 건물이나 유닛을 워프시키는 역할을 한다.

웜홀이라는 명칭은 블랙홀을 이름붙인 우주 작명가(?) 존 휠러의 1955년 논문에 등장한다. 사실 웜홀은 아인슈타인이 그의 동료 로젠과 함께 슈바르츠실트의 블랙홀을 연구하면서 발견해 낸 것이다. 슈바르츠실트는 아인슈타인이 일반상대성이론 방정식을 발표하자, 그것의 해로 블랙홀이 생길 수 있음을 보였다. 블랙홀이 예견되자 아인슈타인은 이를 달갑지 않게 여기고 로젠과 함께 연구했던 것이다. 아인슈타인이 블랙홀을 싫어한 것은 블랙홀 속에 존재하는 **특이점** 때문인데, 이 특이점에서는 물리학의 모든 법칙이 붕괴되어 버리는, 그야말로 물리학의 구멍이기 때문이었다. 아인슈타인과 로젠은 연구를 통해서 특이점은 없어지게 했지만, 그 대신 생겨난 웜홀도 특이점만큼 이상하기는 마찬가지였다. 그래서 아인슈타인은 웜홀 또한 믿으려 들지 않았다고 한다. 여하튼 1935년 아인슈타인과 로젠이 발견한 웜홀을 **'아인슈타인-로젠 다리'** 라고 부른다.

이렇게 웜홀을 이용해 우주여행을 한다면 먼 거리도 시간의 제약을 받지 않고 다녀올 수 있을 것이다. 이러한 생각을 구체와 시킨 것이 「코스모스」로 유명한 칼 세이건(Carl Edward Sagan)이었다. 세이건은 웜홀을 이용해 지구의 주인공이 외계로 우주여행을 다녀오는 소설 「콘택트(Contact)」를 썼다. 이 소설에 앨리(영화에서는 조디 포스터

칼세이건은 과학 대중화에 많은 공헌을 한 과학자 중의 한 사람으로 꼽힌다.

〈콘택트〉 앨리가 외계인이 보내는 신호를 찾고 있다.

가 이 역을 했다)는 외계인의 신호를 찾는 과학자이다. 어느 날 앨리는 직녀성으로부터 온 외계인의 신호를 포착하고, 그들에게서 온 우주선 설계도로 우주선을 만든다. 이 우주선을 타고 앨리는 직녀성의 외계인을 만나고 돌아오지만, 지구에서 이를 지켜보던 사람들에게는 우주선이 그대로 있는 듯이 보였다. 그래서 아무도 앨리가 직녀성에 갔다 왔다는 것을 믿지 않는다. 앨리는 26광년이나 떨어진 직녀성까지 18시간 만에 갔다 온다. 빛의 속력으로 52년이 걸리는 거리를 어떻게 18시간 만에 다녀온다는 것인가? 이것이 가능한지 확신할 수 없었던 세이건은 그의 친구인 칼텍(Caltech, 켈리포니아 공과대학)의 **킵 손(Kip Thorne)**에게 연락을 했다.

웜홀을 이용한 우주여행은 매력적이기는 하지만 문제가 있다. 웜홀은 너무나 순간적으로 생겼다가 사라지기 때문에 들어갔다가 나올 시간이 없다는 것이다. 심지어 빛조차 그것을 통과하지 못할 정도로 순식간에 사라져 버린다. 이렇게 되면 웜홀 속의 우주선은 그대로 끝장나는 것이다. 따라서 웜홀을 이용해 앨리가 여행을 하기 위해서는 그 속을 통과해서 빠져나갈 때까지 출구가 유지되어야 했다. 킵손은 이것을 그의 박사과정 제자였던 모리스(Mike Morris)와 함께 연구해서 '별난 물질'이 웜홀을 계속 열어 둘 수 있다는 것을 알아낸 것이다.

양자역학에서는 진공을 아무것도 없는 텅 빈 공간으로 생각하는 것이 아니라, 입자들이 순식간에 나타났다가 사라지는 그러한 혼란스러운 곳이라고 여긴다. 이러한 **진공요동**이 별난 물질의 후보가 될 수는 있겠지만 아직 어

푸헤헤 이제 맘대로 돌아 다니겠다.

별난 물질

웜홀

웜홀을 계속 열어두기 위해서는 별난 물질이 필요하다.

떤 것이 별난 물질인지는 모른다. 여하튼 별난 물질은 진공보다 가벼운 물질로, 인력이 아니라 척력이 작용해야 한다. 이렇게 별난 물질을 통해 열려있는 킵손의 웜홀은 아인슈타인-로젠 다리와 달리 그것을 통해 여행을 할 수 있게 되는 것이다. 그렇다면 웜홀을 이용하면 어떻게 해서 순식간에 이동할 수 있는 것일까? 이러한 웜홀이라는 개념을 이해하기 위해서는 휘어진 공간이라는 것을 이해해야 한다. 하지만 이것은 매우 어려운 일인데 그것은 우리가 3차원의 세계에 살면서 4차원(공간)을 이해해야 하기 때문이다.

차원

점과 선으로 이루어진 세계는 1차원 세계이다. 면으로 이루어진 세계는 2차원 세계이다. 부피를 가지는 세계는 3차원 세계이다. 차원이라는 것은 위치를 나타내는 데 필요한 좌표의 수와 일치한다. 즉, 직선 위의 어떤 점의 위치는 좌표 하나(수학에서 이야기하는 x축)면 충분하다. 하지만 어떤 평면 위의 점은 하나의 좌표로 나타낼 수 없기 때문에 두 개의 좌표를 사용한다.

이제 여기서 2차원 세계의 야구 경기를 생각해 보자. 그들의 야구에서 타자의 타법은 모두 동일하다. 이 세계에서는 오로지 아래위 방향으로만 움직일 수 있다. 따라서 타자들은 모두 도끼를 내리치듯이 방망이를 휘두를 수밖에 없다. 공은 낙차 큰 커브 볼 밖에 없으며 높이에 따른 스트라이크 존만 존재할 뿐 좌우의 존은 없다. 그런 공을 던질 수 있는 투수가 없기 때문이다. 이러한 세계에 좌우로 공을 던질 수 있는 투수가 있다면 그는 완벽한 투수가 될 것이다. 2차원 세계의 야구 선수들은 좌우로 빠지는 공이 어떤 것인지 이해를 하지 못하기 때문이다. 3차원 세계에서 온 여러분은 2차원 세계 메이저 리그에서 코리안 초특급이 될 수도 있다. 2차원 세계의 물체들은 x, y축으로 움직일 뿐 z축으로는 움직이지 못한다. 마찬가지로 3차원 세계에서 우리는 x, y, z 축으로만 움직일 뿐 네 번째 축으로 움직이지는 못한다. 만약 4차원 세계에서 온 투수가 공을 던진다면 그는 타자 앞에서 갑자기 사라지는 공을 던질 수 있다. 또한 그는 문이 잠겨 있는 금고를 열지 않고도 금고 속의

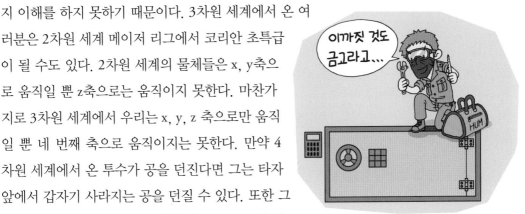

이까짓 것도 금고라고....

4차원 도둑에게 우리의 금고는 무용지물이다.

〈타임머신〉 주인공은 타임머신으로 과거와 미래를 여행하는데, 애인의 죽음은 바꿀 수 없었다. 시간여행은 SF의 중요한 소재이지만 아직까지 이론상의 이야기일 뿐 어떻게 해야 타임머신을 만들 수 있는지는 아무도 모른다.

돈을 꺼낼 수 있을 것이며, 벽을 뚫고 지나갈 수도 있다. 이러한 일이 이해가 가지 않는 것은 우리의 생활을 2차원 세계의 사람들이 이해하지 못하는 것과 같다.

웜홀은 단순히 더 빠른 이동경로만 제공할 뿐 아니라 타임머신으로도 사용 가능하다. 웜홀을 통해 이동하면 빛보다 빠른 이동이 가능하기 때문이다. 타임머신이 가능하다면 후손들이 이 기계를 만들어 우리에게 찾아올 것인데, 아무도 오지 않으니 타임머신은 만들 수 없다는 주장이 가능하다. 하지만 웜홀을 이용한 시간여행에서는 웜홀이 만들어진 시간 이전으로는 갈 수 없다. 미래에서 우리의 후손이 타임머신을 타고 오지 않는 것은 바로 이 때문이다. 따라서 미래에서 방문객이 없기 때문에 타임머신이 만들어질 수 없다는 반론은 피할 수 있다.

웜홀과 비슷하지만 그 보다 좀더 쉬운(?) 방법이 흔히 **워프(Warp)** 항법으로 알려진 방법이다. 웜홀과 워프드라이브의 차이점은 웜홀이 공간을 찢어 연결하는 것인데 반해, 워프는 공간을 휘게 하여 연결하는 것이기 때문에 워프가 좀더 쉬운 방법일 것이다. 즉, 워프는 공간을 비틀어서 실제로 이동해야 할 거리를 줄임으로써 순간 이동을 하는 방법이다. 프로토스의 경우에 고향 행성인

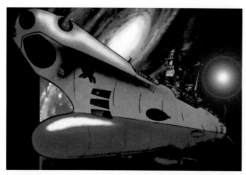

〈우주전함 V호(일본 명 : 우주전함 야마토)〉 우주선들은 먼 거리를 이동할 때 워프 항법이라는 것을 통해 항해를 한다.

아이우에서 유닛과 건물들이 워프되어 온다. TV 애니메이션 〈우주전함 V호(일본명 : 우주전함 야마토)〉에 등장하는 우주선들은 먼 거리를 이동할 때 워프 항법이라는 것을 통해 항해를 한다. 일본 선라이즈사의 애니메이션 〈카우보이 비밥〉에는 행성 간을 여행하는 데 위상차 게이트라는 것을 이용한다. 위상차 게이트도 일종의 워프로 보이며, 프로토스가 고향 행성에서 워프되어 오는 것과 가장 유사한 방법으로 생각된다. 〈스타

〈카우보이 비밥〉 위상차 게이트를 이용해 태양계 행성 사이를 여행한다.

트렉〉에서는 워프 드라이브를 이용해서 순식간에 먼 거리를 이동한다. 〈우주전함 V호〉에서 전함 V호가 이동하는 것이나, 〈스타트렉〉에서 엔터프라이즈호가 워프 항법을 사용하는 것은 어려워 보인다. 워프를 하기 위해서는 〈카우보이 비밥〉에서와 같이 미리 만들어진 워프 게이트를 이용해서만 가능하다. 즉, 워프를 하기 위해서 빛 보다 느린 우주선이 워프를 원하는 지점에 미리 워프 게이트를 만들어야 한다는 것이다. 이러한 워프 게이트 사이의 길을 **크라스니코프 튜브(Krasnikov Tube)**라고 하는데, 이를 통해 광속보다 0.00005% 느린 속도로 이동할 수 있다. 프로토스의 경우 워프를 하기 위해서는 프로브로 위치를 잡고, 게이트를 만들어야 유닛을 워프해 올 수 있는 것은 바로 이 때문이다.

하지만 아직까지도 우주여행에 관한 많은 아이디어들은 이론상의 이야기일 뿐이다. 어떻게 엄청난 양의 정보를 저장하고 전송할 것이며, 엄청난 중력을 극복할 수 있는 우주선은 또 어떻게 만들 수 있을 것인가? 순간 이동을 통해 물질을 전송하고, 워프드라이브를 이용해 우주여행을 하는 것이 꿈 같은 일임은 분명하다. 인간이 하늘을 나는 것도 분명 꿈같

은 일이었다. 하지만 인간은 하늘을 날 뿐 아니라 지구를 벗어날 수 있는 기술을 가지게 되었다. 지금 우주여행이 불가능하다고 해서 앞으로도 불가능하지는 않을 것이다. 과거 인간이 하늘을 난다는 것은 불가능하다고 여겼지만, 지금은 비행을 너무나 당연하게 생각하듯이 언젠가 우주여행도 당연하게 여기는 날이 올지도 모른다. 이것이 비록 이론상의 이야기일 뿐이지만 다양한 우주여행 방법을 강구하는 이유이다. 언젠가는 꿈을 실현시킬 방법을 찾을 수 있을 것이라는 희망이 있기 때문에…

여기서 잠깐!

쉴드와 스테이시스 필드, 디팬시브 매트릭스

스테이시스 필드

쉴드와 디팬시브 매트릭스는 모두 공격에 대해 유닛을 보호해 준다는 공통적인 특징을 가지고 있다. 쉴드가 프로토스 개개 유닛이 지닌 일종의 장갑일 가능성이 많다고 앞에서 설명했지만 다르게 해석할 수도 있다. 쉴드가

사이언스 베슬의 디팬시브 매트릭스와 마찬가지로 영화 〈스타트렉〉시리즈에 등장하는 전향보호막이나 영화 〈인디펜던스 데이〉의 외계인 우주선의 방어막과 비슷한 것일 수도 있다. 〈인디펜던스 데이〉에서 외계인 우주선 방어막이 어떤 것인지에 대해 설명이 없지만, 〈스타트렉〉에 등장하는 우주선 엔터프라이즈호는 전향 보호막을 통해 적의 공격을 막아내는 것으로 나온다. 이에 대해 크라우스는 엔터프라이즈호가 우주선 주위의 시공간을 휘게 함으로써 이와 같은 것이 가능하다고 설명한다. 즉 중력을 전달하는 중력자를 방출함으로써 거대한 물체 주변의 시공간이 휘듯 우주선 주변의 시공간을 휘게 한다는 것이다. 시공간이 휘게 되면 물질이나 레이저 광선은 휘어진 공간을 따라 이동을 하기 때문에 우주선을 비켜 지나게 된다는 것이다. 아비터의 스테이시스 필드(stasis field)도 이와 같이 시공간을 휘게 하여 그 속에 유닛을 가두어 두는 것으로 생각할 수 있다. 물론 시공간을 휘게 하는 데는 엄청난 양의 에너지가 필요하다는 사실을 명심해 둘 필요가 있다.

마법... 그리고 과학

사이오닉 스톰,
마인드 컨트롤, 홀루시네이션

스타크래프트에는 종족별로 다양한 마법 유닛이 존재한다. 이 유닛들이 마법 유닛이라고 불리는 이유는 이들을 다른 유닛과 비교했을 때 독특한 능력을 가지고 있기 때문이다. 단지 쏘고, 던지고, 찌르는 형태의 단순한 공격법들과 비교했을 때 이 마법 유닛의 능력은 거의 환상적이라 할 수 있다. 마법 유닛은 기울어진 전세를 순식간에 뒤집을 만큼 강력한 능력을 가지고 있기 때문에 게이머들의 사랑을 받을 수밖에 없다. 그렇다면 과연 이 유닛들을 마법 유닛이라 부르는 것이 옳을까?

● 마법과 과학

테란의 사이언스 베슬과 고스트, 저그의 디파일러(Defiler)와 퀸(Queen), 프로토스의 하이템플러(High Templar)와 다크템플러(Dark Templar), 아비터 등은 대표적인 마법 유닛이다. 하지만 이들 유닛을 마법 유닛이라 부르고, 그들이 사용할 수 있는 능력치를 **마나(mana)**라고 부르는 것은 타당하지 않다. 뛰어난 기술이 마치 마법과 같이 보이는 것은 사실이다. 원주민들에게 서구인이 가지고 온 총은 마

디파일러의 다크스웜

잠이 온다~
잠이 온다~

음냐...

ㅋ~

ㅋㅋ

법과 다를 바 없었을 것이다. 그렇다고 총이 마법은 분명 아니다. 스타크래프트에서는 마나가 아니라 에너지(energy)라는 표현을 사용하고 있는데, 마나라는 표현을 사용하는 것은 판타지 게임의 영향을 많이 받은 결과이다. 마나라고 하는 것은 물건이나 동물, 인간에게 내재해 있는 초자연적인 능력을 뜻하는 말이다. 주문에 의해 사람이나 물건을 파괴하는 능력(Psionic Storm)이나 다른 사람을 조종하는 능력, 약초에 의한 환각(Hallucination) 등이 마치 마나와 같이 보인다. 하지만 그것은 그러한 능력에 대한 합리적인 설명이 없었을 때는 그럴 수 있겠지만, 타당한 과학적인 설명이 가능한데 마나라 부를 수는 없다. 하이 템플러는 높은 정신적 능력의 소유자일지는 모르지만, 아무리 뛰어난 정신력을 가지고 있어도 이러한 일은 가능하지 않다. 오히려 과학 기술의 힘을 빌려 전자기 폭풍을 일으켜 상대방에게 타격을 준다고 보는 것이 타당할 것이다(전기구이 오징어 참고). 이미 알려진 바와 같이 많은 군사, 첩보 기관에서는 마인드 컨트롤(또는 세뇌)에 대한 각종 실험을 하여 약물 등을 활용하여 다양하게 인간을 조종하는 방법을 알아냈다. 즉, 화학 물질이나 전기적 신호를 조절함으로써 인간이나 동물을 조종할 수 있는 것이다. 기생충이 숙주의 행동을 조종할 수 있는 것과 같이 약물을 통하여 인간 행동도 조종할 수 있다. 물론 사람의 행동 양식이 조금 더 복잡하기는 하다. 영화 〈컨스피러시〉는 세뇌에 의해 살인 기계로 생활했던 주인공이 자

다크아콘이 탱크에 마인드 컨트롤을 걸고 있다.

신의 과거를 되찾는 이야기이다. 많은 마법사들은 환각제 성분의 약초나 음식물을 통하여 사람들에게 환각을 보여줌으로써 자신의 신통력을 믿게 하였다. 이러한 방법은 보통 비방으로 마법사들 사이에 전해져 내려왔기 때문에 그들은 일반인들의 생각을 조종할 수 있었다.

마녀와 늑대인간

중세 유럽에서는 많은 사람들이 늑대인간(werewolf)으로 몰려 재판을 받고 대부분 처형을 당했다. 이것은 이후 마녀 사냥으로 변질되어 여러 마을에서 사람들의 집단적인 광기로 표출되어 어두웠던 중세 시대의 한 일면을 장식하기도 했다. 늑대인간의 전설은 민간에 전해 내려오는 여러 가지 이야기로부터 시작되어 털이 비정상적으로 자라는 다모증(hypertrichosis)에 의해 그 신빙성을 얻게

된다. 또한 자신이 늑대인간이라고 믿는 수화광 (lycanthropy)이라는 정신병에 걸리거나 약초에 의한 환각이 그 원인이었을 것이다. 당시 마녀들은 벨라돈나 (Atropa belladonna)와 같이 환각 작용을 일으키는 약초를 이용해 많은 사람들이 환상에 사로잡히게 했을 것이다. 하지만 일부 마을에서는 마을 전체가 마녀 사냥에 대해 집단적으로 광기를 나타냈다. 이것은 맥각(ergot)에 감염된 호밀로 만든 빵을 먹었기 때문에 집단으로 환각 증세를 일으켰을지도 모른다. 이 맥각에서 합성한 것이 바로 LSD(Lysergic Acid Diethylamide)로, 이것은 간혹 뉴스에서 접하는 '환각 파티'에 등장하는 그 약물이다.

● 홀로그래피의 원리

홀루시네이션의 경우 단순한 환각이 아닌 홀로그램에 의한 입체 영상을 만들어낼 수 있는 기술을 의미한다. 홀로그램이야 말로 마법과 같은 기술이다. 공간상에 허상이 실물과 구분할 수 없어 보이니 말이다. **홀로그래피(Holography)** 란 그리스어로 '전체(whole)'의 의미를 지닌 'Holo'와 '기록하는 기술'을 뜻하는 'graphy'의 합성어로 '전체를 기록하는 기술'을 의미한다. 즉, 물체에서 반사된 빛에 대한 모든 정보를 기록하는 기술이라는 뜻이다. 홀로그래피에 의한 영상은 실

홀루시네이션에 의한 유닛은 푸른 빛을 띠지만 상대방에게는 다른 유닛과 똑같이 보인다.

〈스타워즈〉 R2D2가 레아 공주의 홀로그램을 보여주며 도움을 청하고 있다.

〈플러버〉 홀로그램에 대한 표현 방법에 있어서는 〈스타워즈〉의 수준을 크게 넘어서지 못하고 있다.

위조 방지용 홀로그램 라벨.

제로는 존재하지 않지만 공간상에 존재하는 듯이 보인다.

영화 〈스타워즈〉에서 레아 공주가 R2D2를 통해 도움을 청하는 장면은 매우 인상적이다. 이 장면은 대중들에게 홀로그램에 대한 환상을 가장 확실하게(?) 심어준 영화일 것이다. 또한 영화 〈플러버〉에서 주인을 사랑하는 귀여운 로봇 위보가 만들어내는 입체 영상은 아직까지는 실제로 재현해 내기는 어려운 기술이다. 특히 위보가 놀라서 갑자기 홀로그램을 없애는 장면에서 홀로그램이 마치 마법의 반짝이 같이 사라지는 장면이 있다. 홀루시네이션도 사라질 때 마법사의 연기와 같이 사라져 버린다. 이러한 효과들은 환상적인 분위기 연출을 위한 것이지 홀로그램과는 상관없는 것이다. 동영상 홀로그램의 미래상을 보여주는 것이 영화 〈마이너리티 리포트〉에서 앤더톤(탐크루즈) 반장이 집에서 아들의 동영상을 보는 장면에 등장한다. 여기서는 〈스타워즈〉나 〈플러버〉에서와는 달리 한 대의 카메라가 아니라 여러 대의 카메라가 동원된다. 홀로그램을 만들기 위해서는 이렇게 여러 대의 카메라가 동원되는데, 이는 입체 영상이 일반 영상과 차이가 있기 때문이다.

영화 〈토탈리콜〉에서 퀘이드(아놀드슈왈제네거)는 홀로그램 투영기를 통해서 자신과 같은 모습을 적에게 노출시켜 적을 물리치는 장면이 나온다. 스타크래프트에서도 홀루시네이션을 통해서 재생된 유닛은 상대편 게이머가 구분하지 못한다. 하지만 이 재생된 허상을 통해서 다른 물체를 볼 수는 없다. 즉, 홀루시네이션으로 만들어진 드래군을 적의 진지로 밀어 넣는다고 적의 진지를 볼 수 없으며, 단순히 광선이기 때문에 적의 총알이 뚫고 통과해 버려야 정상이다. 따라서 〈토탈리콜〉의 퀘이드가 자신의 홀로그램을 이용해서 적들끼리 총을 쏘게 하여 물리치는 장면은 홀로그램이 실물이 아니기 때문에 총알이 그것을 통과하여 적들이 총을 맞는 것이 가능한 것이다. 물론 그것은 〈토탈리콜〉에서와 같이 완벽한 홀로그램을 만들 수 있다는 가정 하에서의 이야기이다. 영화 〈아이 로봇〉에서는 홀로그램 이젝터라는 기기를 통해 홀로그램 동영상을 제공하는데, 실물과 구분하지 못할 정도로 매우 인상적이다.

모든 오락기기들은 인간의 오감을 최대한 속이는 쪽으로 발전한다. 즉, 현장에 있는 듯이 들리는 소리, 입체 영상, 냄새 등등이 사람이 실제와 구분할 수 없을 만큼 발전하고 있다. 미래의 디스플레이는 입체 영상을 구현하는 쪽으로 발전할 것으로 예상하고 국내외의 기업들은 3차원 디스플레이 개발에 많은 노력을 하고 있다. 이러한 입체 영상 기술은 PDP, OLED 등에 접목되어 〈마이너리티 리포트〉의 영화 속 장면을 현실에서 재현하게 될 것이다.

홀로그램

일반 사진은 빛의 세기에 관한 정보를 기록한다. 홀로그램의 경우 빛의 세기뿐만 아니라 위상차이까지 기록함으로 인해서 보는 사람이 입체감을 느끼게 된다. 일반 사진의 경우 물체에 반사되어 나온 빛의 원래 정보 중 진폭의 제곱인 빛의 세기만 기록 됨으로써 광자가 가지고 있던 정보를 잃어버리게 된다. 원리상 물체에 반사된 광자의 원래 정보와 동일한 정보를 가진 광자는 물체에서 반사된 것인지 재생된 것인지 구별할 수 없다. 따라서 이렇게 완벽하게 재생된다면 공간상에 실제로 물체가 있는 듯이 보이게 된다.

〈마이너리티 리포트〉 앤더톤 반장이 아들을 생각하며 그의 홀로그램 동영상을 보고 있다. 이전의 다른 영화에서와 달리 여기서는 한 대의 카메라가 아니라, 여러 대의 카메라를 통해 동영상을 재생해 내고 있다.

참고문헌

Alan Giam battista, Betty Mc Carthy Richardson & Robert C. Richardson, 물리학교재편찬 위원회 (역). (2004). 물리학. 북스힐.

Ben R. Rich & Leo Janos, 이남규(역). (1998). 스컹크 웍스. 한승.

Bjørn Lomborg, 홍욱희, 김승욱(역). (2003). 회의적 환경주의자. 에코리브르.

Bowdoin Van Riper, 김원기(역). (2003). 대중문화 속 과학 이야기. 사람과 책.

Brian J.Skinner & Stephen C.Porter, 박수인 외 8인(역). (1995). 생동하는 지구. 시그마프레스.

Bruce Mazlish, 김희봉(역). (2001). 네 번째 불연속. 사이언스북스.

Carl Sagan. The Demon-Haunted World. (2001). 이상현(역). 악령이 출몰하는 세상. 김영사.

Carl H. Snyder, 화학교재편찬위원회(역). (1990). 화학과 생활. 한승.

Carl Zimmer, 이석인(역). (2004). 기생충 제국. 궁리.

Conrad G. Mueller & Mae Rudolph. Light and Vision. (1985). 빛과 시각. 한국타임-라이프S.

David Burnie, 김성한(역) (2002), 진화를 잡아라. 궁리

David George Gordon, 문명진(역). (2003). 바퀴벌레. 뿌리와 이파리

E.M. 사비츠키, B.C. 크라치코, 손운택(역). (1994). 금속이란 무엇인가. 전파과학사.

Earnest Volkman, 석기용(역). (2001). 전쟁과 과학, 그 야합의 역사. 이마고.

Ed. by Scientific American, 황현숙 외(역). (1999). 맞춤인간이 오고 있다. 궁리.

Frances Aschcroft. Life At The Extremes. (2001). 한국동물학회(역). 생존의 한계. 전파과학사.

Freeman Dyson. 신중섭(역), (2000). 상상의 세계. 사이언스북스.

Haward E. Evans, 윤소영(역). (1999). 곤충의 행성. 사계절.

Hugh D. Yung & Roger A. Freedman, 장준성 외(역). (2002). 대학 물리학. 북스힐.

James Burke, 장석봉(역), (2000). 우주가 바뀌던 날. 인문과학사.

Jason Richie, 전대호(역). (2002). 파괴를 위한 과학 무기. 지호.

Joe Schwarcz, 이은경(역). (2002). 장난꾸러기 돼지들의 화학피크닉. 바다출판사.

Jonathan Weiner, 이한승(역). (2002). 핀치의 부리. 이끌리오.

Juan Enriquez, 안진환(역). (2003). 두려운 미래 친근한 미래. 럭스미디어.

KBS, 사이언스21 제작팀. (2004). 사이언스21.

Keith Lockett, 남철주, 공창식(역). (1996). 물리적 사고 길들이기. 애드텍.

Martin Gardner, 과학세대(역). (1993). 마틴 가드너의 양손잡이 자연세계. 까치.

Mary Roach, 권 루시안(역). (2003). 스티프. 파라북스.

Matt Ridley, 김윤택(역). (2002). 붉은 여왕. 김영사.

Matt Ridley, 하영미 외 2인(역). (2001). 게놈. 김영사.

Neil. A. Campbell, 김명원(역). (2001). 생명과학. 라이프사이언스.

Olin Sewall Pettingill, 권기정 외 3인(역). (1985). 조류학. 아카데미서적.

Peter J. Bentley, 김한영(역). (2001). 디지털 생물학. 김영사.

Ralph H.Petrucci, 이욱(역). (1995). 일반화학. 대영사.

Rikao Yanagita, 이남훈(역). (2002). 공상비과학대전2. 대원씨아이.

Roald Hoffmann, 이덕환(역). (1996). 같기도 하고 아니 같기도 하고. 까치.

Robert A. Wallace, Gerald P. sanders & Robert J. Ferl, 구혜영 외 7인(역). (1993). 생물학. 을유문화사.

Robin Baker, 문혜원, 유은실(역). (2003). 달걀껍질속의 과학. 몸과 마음.

Roger Highfield, 이한음(역). (2003). 해리포터의 과학. 해냄.

Sakikawa Noriyuki, 현종오, 이종찬(역). (1998). 유기 화합물 이야기. 아카데미서적.

Sakurai Hiromu, 김희준(역). (2002). 원소의 새로운 지식. 아카데미서적.

Ulrich Schmid, 조경수(역). (2003). 동식물에 관한 상식의 오류사전. 경당.

Yosizato Katsutosi, 현종오(역). (1998). 몸속 원소 여행. 아카데미서적.

Lewis Wolpert. The Triumph of the Embryo. (2001). 최돈찬(역) 하나의 세포가 어떻게 인간이 되는가. 궁리.

강만식 외 4인. (1997). 방사선생물학. 교학연구사.

강창수 외 9인. (1984). 일반곤충학. 정문각.

과학동아 편집실. (2003). 밤에 먹으면 살찌는 이유. 성우.

과학동아 편집실. (2003). 밤하늘이 어두운 이유. 성우.

과학동아 편집실. (2003). 볼펜똥이 생기는 이유. 성우.

김수병. (2000). 사이언티픽 퓨처. 한송.

김영식 & 임경순. (1999). 과학사신론. 다산출판사.

돈벌리너, 장석봉(역). (2002). 목숨을 건 도전 비행. 지호.

레프 G. 블라소프 & 드미트리 N. 트리포노프, 이충호 (역), (1994), 생각 1g만으로도 유쾌한 화학이야기. 도솔

미크 오헤이어, 이균형(역). (2003). 교과서는 모른다. 범문사.

박남극, 심재한. (1999). 뱀. 지성사.

보리스 훼드로빗지 세르게예프, 이병국, 조영신(역). (2000). 동물들의 신비한 초능력. 청아출판사.

신창섭 외 5인. (2000). 방폭공학. 동화 기술.

요미우리신문사, 권재상(역). (1992). 최첨단 무기 시리즈 핵무기와 미사일. 자작나무.

요미우리신문사, 권재상(역). (1995). 최첨단 무기 시리즈. 자작나무.

이필렬. (1999). 에너지 대안을 찾아서. 창작과비평사.

정재승. (1999). 물리학자는 영화에서 과학을 본다. 동아시아.

조희형. (1994). 잘못 알기 쉬운 과학개념. 전파과학사.

최윤대, 문장렬. (2003). 군사 과학 기술의 이해. 양서각.

칼 P. N. 슈커, 김미화(역) (2004). 우리가 모르는 동물들의 신비한 능력. 서울문화사.

콜린 A. 로넌, 김동광, 권복규(역). (1976). 세계과학문명사 I. 한길사.

콜린 A. 로넌, 김동광, 권복규(역). (1976). 세계과학문명사 II. 한길사.

화학교재연구회. (1998). 화학의 세계. 자유아카데미.

훨(서울대 벤처 동아리). (2001). 스타크래프트 한판으로 영어 끝장내기. 황금가지.

스타크래프트 용어

EMP(Electro Magnetic Pulse) SCV
가디언 Guardian
고스트 Ghost
고치 Cocoon
나이더스 커널 Nydus Canal
넥서스 Nexus
뉴매티즈드 캐러페이스 Pneumatized Carapace
다크 아콘 Dark Archon
다크 템플러 Dark Templar
드랍쉽 Dropship
드론 drone
드래군 Dragoon
디바우러 Devourer
디파일러 Defiler
럴커 Lurker
레이스 Wraith
마인드 컨트롤 Mind control
메딕 Medic
메타볼릭 부스트 Metabolic boast
뮤탈리스크 Mutalisk
미네랄 Mineral
발키리 Valkyrie
배틀크루저 Battle cruise
벌처 Vulture
베스핀가스 Vespene Gas
벤트럴 삭스 Ventral Sacs

사이버네틱스 코어 Cybernetics Core
사이언스 베슬 Science vessel
사이오닉 스톰 Psionic Storm
성큰 콜로니 Sunken Colony
스카웃 Scout
스컬지 Scourge
스팀팩 Stimpack
스파이더 마인 Spider Mine
스포어 콜로니 Spore Colony
스포닝풀 Spawning Pool
시지 탱크 Siege tank
아드레날 글랜즈 Adrenal glands
아드레날린 Adrenalin
아비터 Arbiter
아비터의 리콜 Recall
어시일레이터
에볼루션 쳄버 Evolution Chamber
오버로드 Overlord
오큘라 임플란츠 Ocular Implants
옵저버 Observer
울트라리스크 Ultralisk
울트라리스크 케이번 Ultralisk Cavern
이레디에이트 Irradiate
저그 Zerg
질럿 Zealot
저글링 Zergling

찾아보기

사진출처

롭해즈 : http://www.robhaz.com/

자포동물 : http://www.ucmp.berkeley.edu/

릴리엔탈 : http://greatsky.co.kr/

다빈치 : http://greatsky.co.kr/

행글라이더 : http://www.moyes.com.au/

무인정찰기프레데터 : http://www.smart-uav.re.kr/

　mav : http://kasml.konkuk.ac.kr/

황금의 쌀 : http://www.hani.co.kr/section-021021000/2005/02/021021000200502230548055.html

나노봇 : http://www.nanonewsnet.com/index.php?module=pagesetter&func=viewpub&tid=4&pid=2

미토콘드리아 : http://cellbio.utmb.edu/cellbio/mitoch1.htm

쌍생성 : http://teachers.web.cern.ch/teachers/archiv/HST2002/Bubblech/mbitu/electron-positron.htm

홀로그램 : http://www.seareach.plc.uk/hologuard-samples.htm

플라나리아 : http://www.luc.edu/depts/biology/111/planaria.htm

영원 : http://www.etsu.edu/biology/friendsofnature/images/photogallery/Nature%20photos/
　Eastern%20newt.jpg

암페타민 : http://www.interieur.gouv.fr/rubriques/b/b10_drogue/amphetamines

아나볼릭스테로이드 부작용 : http://www.steroids.org/side_effects.htm

라마르크 : http://www.nceas.ucsb.edu/~alroy/lefa/Lamarck.html

다윈의핀치 : http://pages.britishlibrary.net/charles.darwin/texts/beagle_voyage/beagle_front.html

랑게르한스섬 : http://www.udel.edu/Biology/Wags/histopage/colorpage/cp/cp.htm

아레니우스 : http://www.woodrow.org/teachers/chemistry/institutes/1992/Arrhenius.html

SAR : http://www.space.gc.ca/asc/eng/apogee/2004/05_icebergs.asp

사이버드 : http://www.cybirdmall.com/front/php/product.php?product_no=17&main_cate_no=
　1&display_group=3

스푸트닉 http://nssdc.gsfc.nasa.gov/image/spacecraft/sputnik_1.gif

코브라 : http://www.cobras.org/cob_18.htm

스키드마크 : http://www.nps.gov/yell/slidefile/miscellaneous/Images/01768.jpg

기생벌 : http://bugguide.net/node/view/12324/bgpage Copyright © 2001 Vincent J Hickey

흡충 : http://www.uni-duesseldorf.de/WWW/MathNat/Parasitology/sme_bild.htm

힌덴부르크호와 보잉기의 크기 비교 : http://www.paper-dragon.com/1939/images/hindenburg-747.gif

힌덴부르크호 참사 : http://er1.org/docs/photos/Disaster/Hindenburg%2003.jpg

광합성 : http://www.caribbeanedu.com/images/kewl/photosynthesis.gif

스타크래프트 속에 과학이 쏙쏙!!

지은이 · 최 원 석
펴낸이 · 조 승 식
펴낸곳 · 도서출판 이치 SCIENCE
등록 · 제9-128호
주소 · 142-877 서울시 강북구 한천로 153길 17
www.bookshill.com
E-mail: bookswin@unitel.co.kr
전화 · 02-994-0583
팩스 · 02-994-0073

2005년 9월 25일   제1판 1쇄 발행
2014년 9월 5일   제1판 15쇄 발행

값 11,000원

ISBN 89-91215-09-2
ISBN 89-91215-08-4(세트)

* 잘못된 책은 구입하신 서점에서 바꿔드립니다.

 • 이 도서는 북스힐에서 기획하여 도서출판 이치에서
   출판된 책으로 도서출판 북스힐에서 공급합니다.
도서공급처 : (주)도서출판 북스힐
142-877 서울시 강북구 강북구 한천로 153길 17
전화 • 02-994-0071, 팩스 · 02-994-0073